材料学シリーズ

堂山 昌男　小川 恵一　北田 正弘
監 修

材料設計計算工学 計算組織学編

フェーズフィールド法による組織形成解析

増補新版

小 山 敏 幸 著

内 田 老 鶴 圃

本書の全部あるいは一部を断わりなく転載または
複写(コピー)することは，著作権および出版権の
侵害となる場合がありますのでご注意下さい．

材料学シリーズ刊行にあたって

科学技術の著しい進歩とその日常生活への浸透が20世紀の特徴であり，その基盤を支えたのは材料である．この材料の支えなしには，環境との調和を重視する21世紀の社会はありえないと思われる．現代の科学技術はますます先端化し，全体像の把握が難しくなっている．材料分野も同様であるが，さいわいにも成熟しつつある物性物理学，計算科学の普及，材料に関する膨大な経験則，装置・デバイスにおける材料の統合化は材料分野の融合化を可能にしつつある．

この材料学シリーズでは材料の基礎から応用までを見直し，21世紀を支える材料研究者・技術者の育成を目的とした．そのため，第一線の研究者に執筆を依頼し，監修者も執筆者との討論に参加し，分かりやすい書とすることを基本方針にしている．本シリーズが材料関係の学部学生，修士課程の大学院生，企業研究者の格好のテキストとして，広く受け入れられることを願う．

監修　堂山昌男　小川恵一　北田正弘

「材料設計計算工学」によせて

本書は学部で習う材料学の基礎知識をもとに，コンピュータの力を借り，材料設計に取り組もうとしている学生，研究者，技術者にとっての最新入門書である．

構造材料，機能材料を問わずその特性はミクロ組織に依存し，その大枠は状態図によって支配されている．状態図とミクロ組織の共通支配因子は自由エネルギーである．解析用ソフトウェアの開発とデータベースの充実にともない，自由エネルギーの計算確度は実用可能な域に近づきつつある．主な計算手法は状態図に関してはCALPHAD，組織に関してはPhase-Field法である．

この「材料設計計算工学」は，CALPHADを扱う計算熱力学編とPhase-Field法を扱う計算組織学編の二編からなる．両手法は自由エネルギーを介してやがては統合され，計算だけによる実用材料設計も夢ではなくなる日が近いと期待される．

小川恵一

材料設計計算工学 序文

　材料の力学特性や機能特性は，そのミクロ組織に大きく依存している．状態図は，「材料設計の地図」であると形容されるように，目的のミクロ組織を得るため，製造プロセスの最適化のためには必須である．近年ではこの合金状態図を求めるための手法としてCALPHAD（カルファド）法と呼ばれる状態図計算・評価手法が広く行われるようになってきた．このCALPHAD法とは，熱力学モデルを基に，様々な実験データや理論計算データを解析し，種々の状態変数の関数として各相のギブスエネルギーを決定し，コンピューターにより状態図を計算する手法であり，熱力学モデルの仮定が満足される範囲内であれば，多元系や高温・低温，高圧・低圧領域への外挿精度も高く，その有用性から，現在では数多くの熱力学データベースが市販・公開され，研究や材料開発に広く用いられている．さらに，ここ数年では第一原理計算を援用することでこれまでは実験データを得ることができなかった準安定相を含めた熱力学解析が行われるようになり，得られるギブスエネルギー関数の精度が格段に向上している．このような研究領域は「計算熱力学」と呼ばれ，近年発展が著しい新しい領域である．

　さらに近年，連続体モデルに基づく材料組織形成過程の現象論的なシミュレーション法として，フェーズフィールド法（Phase-field method）が提唱され，現在，種々の材料科学・工学分野を横断的に進展しており，具体的な計算対象は，デンドライト成長，拡散相分解（核形成，スピノーダル分解，オストワルド成長など），規則–不規則変態，各種ドメイン成長（誘電体，磁性体），結晶変態，マルテンサイト変態，形状記憶，結晶粒成長・再結晶，転位ダイナミクス，破壊（クラックの進展），…等々，材料組織学を中心にほぼ材料学全般に広がっている．特にフェーズフィールド法では，材料組織の全自由エネルギーが最も効率的に減少するように，組織形成過程を非線形発展方程式に基づき算出するので，計算理論にエネルギー論と速度論の両方が内在されている．

フェーズフィールド法に含まれているエネルギー評価法は，不均一な組織形態の有する全自由エネルギーの一般的計算法となっているので，近年のナノからメゾスケールにおける複雑な材料組織安定性の解析に効果的に活用できる利点がある．

以上の背景の下に現在，計算材料設計の分野に非常に大きな変革が起きている．つまり，CALPHAD 法の進展により，（安定・準安定相共に）構成相のギブスエネルギーのデータベースが整備されたことによって，このギブスエネルギーを直接，フェーズフィールド法に適用する道が拓けた．すなわち，実際の合金状態図上における材料組織形成の計算が可能になり始めたのである．これは，計算に基づく合金設計の実効的な実現を意味する．特に MEMS（Micro Electro Mechanical Systems）に代表される近年のナノ〜マイクロスケールにいたる"もの創り・デバイス設計"では，材料組織のメゾスケールを避けては通れないので，このスケールにおける True Nano の"もの創り"は，組織形成そのものを反映した"もの創り"にならざるを得ない特徴がある．

これまでに出版されている熱力学に関する書籍は数多くあるが，そこでは CALPHAD 法による計算熱力学の基礎となる部分が主で，CALPHAD 法の熱力学評価の詳細，新しいトピックである第一原理計算の援用手法などはあまり触れられていない．またフェーズフィールド法に関するまとまった書籍は，国内にはほとんど存在しない．CALPHAD 法とフェーズフィールド法をベースとした合金設計の計算工学は，状態図と実用材料・特性を結ぶ極めて有効な基礎学問体系である．さらにこの両者には，計算ソフトウェアも兼ね備わっているため，材料学に携わる学生・研究者・技術者にとって，非常に実効的なツールでもある．

本姉妹編「材料設計計算工学（計算熱力学編ならびに計算組織学編）」では，CALPHAD 法およびフェーズフィールド法の計算手法の入門について，最近の計算例を含めて解説する．材料学に携わる学生・研究者・技術者にとって，座右の書（サバイバルのための武器マニュアル）となることを祈念している．

2011 年 7 月

阿部 太一　小山 敏幸

計算組織学編 序文

　本書では，不均一材料（組織）に関する組織形成の計算手法としてフェーズフィールド法（Phase-field method）を取り上げ，相変態における組織形成シミュレーションについて説明する．特に，実際に相変態・組織形成の計算を行おうとする際に必要となる計算理論に重点を置いて解説する．なお相変態の基礎に関しては，すでに本シリーズから優れた書籍「金属の相変態」（榎本正人著）が出版されているので，そちらを参照していただきたい．また本書は，本姉妹編「材料設計計算工学（計算熱力学編）」と対をなすものであるので，文中においてこの姉妹編を参照する際には，［計算熱力学編］と記すことにする．さて本題に入ろう．

　近年，計算材料科学の発展を基礎に，試行錯誤的な材料開発法が論理的材料設計法へと移行しつつあり，この分野は現在実用まで視野に入れた新しいステージに入りつつある．フェーズフィールド法は連続体モデルに基づく材料組織形成過程の現象論的なシミュレーション法で，現在，種々の材料科学・工学分野を横断的に進展しており，具体的な計算対象は，デンドライト成長，拡散相分解（核形成，スピノーダル分解，オストワルド成長など），規則-不規則変態，各種ドメイン成長（誘電体，磁性体），結晶変態，マルテンサイト変態，形状記憶，結晶成長・再結晶，転位ダイナミクス，破壊（クラックの進展）等々，材料組織学を中心にほぼ材料科学全般に広がっている．さらにフェーズフィールド法には，上記の組織変化が複数組み合わされている現象や，外場（応力場，磁場，電場など）が作用している環境下における組織形成についても容易にモデル化できる特徴がある．また最近では格子点における原子の存在確率をフェーズフィールドと見なした原子スケールにおけるフェーズフィールド法（フェーズフィールドクリスタル法（Phase-field crystal method）と呼ばれる）も提案され，まさにマルチスケールにおける総合的な材料解析法の一つに成長しつつある．

フェーズフィールド法では材料組織の全自由エネルギーが最も効率的に減少するように，組織形成過程を非線形発展方程式に基づき算出する．したがって，計算理論に，エネルギー論と速度論の両方が内在されている．特にフェーズフィールド法に含まれているエネルギー評価法は，不均一な形態の組織が有する全自由エネルギーの一般的計算法となっているので，種々の異なる組織形態の間の安定性の比較，外場（磁場，電場，応力場など）が作用している状態における相平衡，また微粒子に代表される平衡から外れた準安定状態の定量的エネルギー評価など，近年のナノからメゾスケールにおける複雑な材料組織安定性の解析に効果的に活用できる．この全自由エネルギーを基礎に，フェーズフィールド法では組織形成を非線形発展方程式に基づき計算していくので，本計算手法は組織の静的安定性および動的組織形成解析を兼ね備えた頑健な体系を有している．

本書では，まずフェーズフィールド法の概要と物理的背景について説明し，続いてフェーズフィールド法の基盤となる学問体系として，従来の熱力学を複数の状態変数を持つ熱力学に拡張する方法論を概観する．これによって，従来の熱力学をより構造的に理解できるだけでなく，必要に応じて熱力学の学問的守備範囲を拡張できることを示す．次に相変態・組織形成を扱うために，不均一場における過剰自由エネルギーの評価法について説明する．多くの実用材料は単相ではなく不均一な組織から構成されており，相変態・組織形成を理解する上で，不均一な組織の有する全自由エネルギーの理解は不可欠である．単相のギブスエネルギーから各相間の安定性を知ることができるように，不均一な組織の有する全自由エネルギーから，どのような組織形態が生じ得るか，すなわち組織の安定性および組織形成の筋道に関する知見を得ることができる．続いて合金の拡散現象を例に，エネルギー論と速度論との関係を導くことによって，両者が密接に結びついていることを示す．最後に以上の理論を基礎に，フェーズフィールド法に基づく組織形成シミュレーションについて説明する．具体例として，拡散相分離ならびに変位型変態のシミュレーションを取り上げる．特に本書では，計算プログラムの実行方法等についても紹介し，読者が自身のパソコンにて実際に計算を行い，相変態・組織形成に対する理解を深められるようにした．材料組織学は動的な組織形成の学問である．したがって，実

際に相変態が進行していく過程を，シミュレーションを通して直接観察することによって，相変態・組織形成の理解がよりいっそう深まることを期待している．

　本書の構成は以下のようにまとめられる．第1章はフェーズフィールド法の説明で，特に発展方程式の物理的起源について理解を深める．第2章は多変数系の熱力学の構造について，記憶図を用いた方法論を概観する．第3章と第4章は不均一系における自由エネルギーに関する説明で，前者が勾配エネルギー，後者が弾性歪エネルギー評価法の解説である．第5章ではエネルギー論と速度論の関係を論理的に示す．第6章と第7章が具体的な組織形成シミュレーション例であり，それぞれ拡散相分離および変位型変態の計算に対応する．第8章はまとめであり，この分野の今後の展望について述べる．本書で解説したプログラムの入手法，プログラムの実行環境，およびパソコンを用いた数値計算については巻末の付録A5を参照していただきたい．第5章までが相変態・組織形成の基礎であり，第6章以降がシミュレーションに関する内容である．すぐにプログラムを動かしてみたいという読者は，第6章から読み始めてもよい．しかし，基礎が重要であるのはいつの世も変わりはないので，最終的には第1章〜第5章の内容をきちんと理解することが大切である．

　なお本書では，より基礎的な事項やさらに進んだ計算理論の詳細については紙面の関係上ふれなかった．計算理論に関する基礎に関しては，参考文献の「フェーズフィールド法に関するもの」をご参照願いたい．また各種のデモプログラムや，より進んだ計算理論の詳細については，著者のホームページ（https://www.material.nagoya-u.ac.jp/PFM/Phase-Field_Modeling.htm）にて公開しているので，興味ある方は参照していただきたい．本書をきっかけとして一人でも多くの方々が計算組織学に興味を持っていただければ幸いである．

　最後に，本書執筆の機会を与えていただいた，本シリーズ監修者の堂山昌男，小川恵一，北田正弘の各先生方に心から感謝する．特に小川恵一先生には懇切丁寧な査読をしていただき，原稿の細部にわたって数式の導出や説明不足な点，および筆者が誤解していた点などをご指摘いただいた．内容の改善はもちろんであるが，教科書執筆に対する真摯な心構えをご教示いただいたことは

筆者の一生涯の宝となった．また内田老鶴圃の内田学氏からは，常に暖かい激励をいただいた．あらためて各氏に感謝する次第である．

2011 年 7 月

小山　敏幸

計算組織学編 増補新版 序文

　2011 年に「材料設計計算工学」を，阿部太一氏とともに，それぞれ，計算熱力学編および計算組織学編として出版させていただき，早 8 年が過ぎ，元号も平成から令和へと改元された．連続体モデルに基づく材料設計計算工学のスタンダードとして，CALPHAD 法とフェーズフィールド法は，材料工学の研究開発において，誰もが知る日常的な手法となりつつある．本書はフェーズフィールド法を学ぶ際の学問的基盤を解説したテキストであるので，基本的な部分は不変であり，本増補新版においても，本体の内容については誤記の訂正にとどめた．一方，フェーズフィールド法の適用範囲の拡大・深化はとどまることを知らず，最後の第 8 章の展望が，この 8 年間に大きく展開した．すなわち，マテリアルズ・インフォマティクス（ツールとしては機械学習）の台頭である．実は，フェーズフィールド法の分野と機械学習の分野は，極めて相性がよい．理由は簡単で，機械学習による逆問題をフェーズフィールド法に適用することによって，フェーズフィールド法内で使用される各種のパラメータ値や，場に関する初期値・境界値などを推定できるからである．フェーズフィールド法で，材料組織の時間発展過程を計算するには，多くの物質パラメータ（例えば，ギブスエネルギーの熱力学データ，界面エネルギー，弾性率，格子ミスマッチ，拡散係数，界面移動に関する移動度など）が必要である．しかし，これらのパラメータ全てが，事前に既知であるとは限らない．従来は，実験データを用いる，第一原理計算から得られるデータを用いる，また定番の定数を仮定する，などが行われてきたが，機械学習による逆問題手法を活用すれば，組織形態情報の実験データから，フェーズフィールド法の体系内で，これらのパラメータ値を効率よく推定できる．パラメータの信頼度が上がれば，もちろんフェーズフィールドシミュレーションの精度も向上するので，機械学習がフェーズフィールド法に及ぼす貢献は計り知れない．

　そこで本増補新版では，第 8 章に，計算組織学と機械学習の関連性に関する

節を追加するとともに，当該分野の解説を付録に加えた．また機械学習の計算環境では，プログラミング言語として Python が主流となっており，かつこの計算環境にて，簡単な数値計算から，可視化やシミュレーションまで手軽に扱えるため，現在，Python を主要なプログラミング言語としている研究者・技術者が増加している．そこで，フェーズフィールドシミュレーションに関しても，Python を用いたプログラムの説明を，今回，付録に新たに追加した．さらに，金属学の基盤における新分野として，ハイエントロピー合金が，近年，世界的に注目されており，これを受けて，多成分系の拡散に関する理論も新たに付録に加えた．これらの加筆部分は，中長期的に，フェーズフィールド法，ひいては計算組織学のさらなる発展の礎となる内容であり，今回の改訂によって，当該分野の進展がさらに加速することを念願している．最後に，増補新版におけるフェーズフィールドシミュレーションの Python プログラムについては，著者の研究室の学生である松岡佑亮氏にご協力いただいた．感謝申し上げる次第である．

2019 年 10 月

小山 敏幸

目　　次

材料学シリーズ刊行にあたって
「材料設計計算工学」によせて

材料設計計算工学　序文 ……………………………………………………………… iii

計算組織学編　序文 …………………………………………………………………… v

計算組織学編　増補新版　序文 ……………………………………………………… ix

第1章　フェーズフィールド法 ……………………………………………………… 1

1.1　秩序変数について　*1*

1.2　全自由エネルギーの定式化　*2*

1.3　発展方程式　*3*

1.4　保存場と非保存場の発展方程式の物理的意味　*4*

第1章 問題　*7*

第2章　多変数系の熱力学 …………………………………………………………… 9

2.1　熱力学関係式　*9*

2.2　変数の拡張　*12*

2.3　一般的な多変数系への熱力学の拡張　*13*

第2章 問題　*16*

第3章　不均一場における自由エネルギー(1)—勾配エネルギー— …… 19

3.1　濃度勾配エネルギー　*19*

3.2　平衡プロファイル形状と勾配エネルギー係数について　*24*

3.3　まとめ　*27*

第3章 問題　*28*

xii   目 次

第4章　不均一場における自由エネルギー（2）—弾性歪エネルギー—
……………………………………………………………………………… 31

4.1　弾性歪エネルギーの定式化　*31*

4.2　エシェルビーサイクル　*33*

4.3　スピノーダル分解理論における弾性歪エネルギー　*35*

4.4　ハチャトリアンの弾性歪エネルギー評価　*44*

4.5　まとめ　*52*

第4章 問題　*54*

第5章　エネルギー論と速度論の関係 …………………………… 59

5.1　拡散方程式と熱力学　*59*

5.2　非線形拡散方程式（カーン-ヒリアードの非線形拡散方程式）　*63*

5.3　まとめ　*65*

第5章 問題　*66*

第6章　拡散相分離のシミュレーション ……………………… 69

6.1　A-B 二元系における α 相の相分離の計算　*69*

6.2　Fe-Cr 二元系における α(bcc) 相の相分離の計算　*77*

6.3　まとめ　*82*

第6章 問題　*84*

第7章　変位型変態のシミュレーション ……………………… 89

7.1　計算手法　*89*

7.2　計算結果　*97*

7.3　まとめ　*100*

第7章 問題　*102*

第8章　おわりに ………………………………………………… 105

8.1　組織形成のモデル化法としてのフェーズフィールド法　*105*

目　　次　　　　　　xiii

　8.2　材料特性を最適化する組織形態の探索法としてのフェーズ
　　　フィールド法　*109*
　8.3　フェーズフィールド法とマルチスケールシミュレーション　*110*
　8.4　計算組織学とデータサイエンスの連携　*110*
　8.5　まとめ　*117*

付録 A1　汎関数微分について ……………………………………………*121*
付録 A2　エシェルビーサイクルについての詳細説明 ………………*123*
付録 A3　ランジュバン方程式からフィックの第一法則へ …………*127*
付録 A4　式(7-9)の導出 ………………………………………………*129*
付録 A5　多成分系における拡散理論 ………………………………*131*
付録 A6　データ同化と材料工学 ……………………………………*136*
付録 A7　Java による非常に簡単な科学技術プログラミング ………*148*
付録 A8　Python によるフェーズフィールドシミュレーション ……*155*

参考文献………………………………………………………………………*163*
索　　引………………………………………………………………………*167*

計算組織学編

第1章
フェーズフィールド法

　フェーズフィールド法[1-11]は，組織形成に対する現象論的な解析手法で，不均一場における連続体モデルを基礎としている．位置および時間に依存する場の秩序変数（Order parameter）[10]を設定し，この変数を用いて複雑な組織が有する全自由エネルギー（Total free energy）を書き下し，そのエネルギー散逸[12]から発展方程式（Evolution equation）[1, 13, 14]を定義して，秩序変数の時間および空間変化（つまり組織形成過程）を計算する手法である．

1.1　秩序変数について

　フェーズフィールド法の計算対象は不均一で複雑な組織である．不均一な組織形成を計算するためには，当然ながらその不均一な組織の状態・形態を記述できなくてはならない．したがって，フェーズフィールド法にて計算モデルを構築する際，まず初めに重要なステップは，計算を行うために必要十分な秩序変数（不均一な組織の状態・形態を記述する場の変数）を定義することである．多成分・多相系の組織形成を記述する一般的な秩序変数としては，多成分系の濃度場を $c_i(\mathbf{r}, t)$，および多相を記述するフェーズフィールド $\phi_i(\mathbf{r}, t)$ が必要であり，ここで，$\mathbf{r}=(x, y, z)$ は組織内の位置ベクトル，t は時間である．秩序変数の添え字の i は，濃度については成分の番号（N_c 成分系では $i=1, 2, \cdots, N_c$）を，$\phi_i(\mathbf{r}, t)$ については相の番号（相の数が N_ϕ の系では $i=1, 2, \cdots, N_\phi$）を表している．$\phi_i(\mathbf{r}, t)$ は位置 $\mathbf{r}$ に，時間 t において i 番目の相が存在する確率を意味し，したがって $\phi_i(\mathbf{r}, t)$ の変域は $0 \leq \phi_i(\mathbf{r}, t) \leq 1$ である．規則–不規則変態[15]（Order-disorder phase transition）が関与する組織形成では，新たな秩序変数として長範囲規則度 $\eta_i(\mathbf{r}, t)$ が追加される．添え字の i

1

は規則相の位相を区別する番号で，この位相の異なる規則相の境界が逆位相境界[15]（Antiphase boundary）である．さらに強磁性相[16]が関与する組織形成では，材料内部における自発磁化を表現する秩序変数として，組織内の局所的な磁気モーメントベクトル $\mathbf{M}(\mathbf{r}, t)$ が追加され，同様に強誘電相[17]が関与する組織形成では，材料内部における自発分極を表す秩序変数として，局所的な分極モーメントベクトル $\mathbf{P}(\mathbf{r}, t)$ が追加される．また電析など電気化学の分野[18]では，静電ポテンシャル場 $\varphi(\mathbf{r}, t)$ が考慮される．多結晶粒成長や再結晶の計算では，異なる結晶方位を持つ領域の存在確率を表す秩序変数 $s_i(\mathbf{r}, t)$ を使用する場合（添え字の i は方位の異なる結晶粒を区別する整数番号）[3]と，結晶方位自体を秩序変数 $\theta(\mathbf{r}, t)$ とする計算手法[19]の二種類がある．

1.2 全自由エネルギーの定式化

以上説明した種々の秩序変数の汎関数形式（後述参照）にて，不均一組織の全自由エネルギー G_{sys} が，以下のように定式化される．

$$G_{\mathrm{sys}} = G_{\mathrm{c}} + E_{\mathrm{grad}} + E_{\mathrm{str}} + E_{\mathrm{mag}} + E_{\mathrm{ele}} \tag{1-1}$$

G_{c} は化学的自由エネルギーで，秩序変数を用いて均一な単相の化学的自由エネルギー（[計算熱力学編] 参照）を機械平均することにより算出される．E_{grad} は勾配エネルギー（3章参照）であり，秩序変数が空間的に変化している場所（各種の界面位置に対応）の過剰エネルギーである．E_{str} が弾性歪エネルギー（4章参照）で，アイゲン歪（Eigen strain）が秩序変数の関数として表現され，マイクロメカニクス（Micromechanics）に基づき計算される（なお本書では弾性率が秩序変数の関数となる場合は扱わない）．また外部応力場を考慮する場合には，外部応力場に起因する力学的ポテンシャルエネルギーも考慮される．E_{mag} は外部磁場や磁区組織に関連したエネルギーで，マイクロマグネティクス（Micromagnetics）[20, 21]で扱われる全ての磁気エネルギーを含む．E_{ele} は電気エネルギーで，外部電場やクーロン相互作用（誘電体では電気双極子-双極子相互作用）に起因する電気エネルギー[22]から構成される（なお本書では，E_{mag} および E_{ele} に関する説明は行わない）．

これらの各エネルギーが，秩序変数の汎関数として表現される（個々のエネ

ルギー密度が秩序変数の関数であり，各エネルギーはその空間積分として表現される）．材料科学において，エネルギーを考慮していない分野は，おそらく存在しないであろう．したがって，フェーズフィールド法では，個々の学問分野にて長年培われた最先端の自由エネルギー計算手法を集約して活用できる．特にエネルギーはスカラー量であるので，異なる分野におけるエネルギー計算式を単純に加算して活用できる点が大きな利点である．

1.3 発展方程式

　秩序変数は，物理的に保存変数[3]と非保存変数[3]に分類されるので，形式的にフェーズフィールド法は，以下の保存場の非線形発展方程式(1-2)および非保存場の非線形発展方程式(1-4)を同時に数値解析し，組織形成の時間発展を計算するシミュレーション手法である．$c_i(\mathbf{r}, t)$ の試料全体にわたる積分は質量保存則により一定値に保持されるが，秩序変数 $s_i(\mathbf{r}, t)$ は定義域（例えば $-1 \le s_i \le 1$）の範囲内にある限り自由に変えられることを注意しておく．

$$\frac{\partial c_i(\mathbf{r}, t)}{\partial t} = -\nabla \cdot \mathbf{J} = \nabla \cdot \left\{ M_{ij} \nabla \frac{\delta G_{\mathrm{sys}}}{\delta c_j(\mathbf{r}, t)} \right\} \qquad (1\text{-}2)$$

$$J_i = -M_{ij} \nabla \left(\frac{\delta G_{\mathrm{sys}}}{\delta c_j(\mathbf{r}, t)} \right) \qquad (1\text{-}3)$$

$$\frac{\partial s_i(\mathbf{r}, t)}{\partial t} = -L_{ij} \left(\frac{\delta G_{\mathrm{sys}}}{\delta s_j(\mathbf{r}, t)} \right) \qquad (1\text{-}4)$$

$c_i(\mathbf{r}, t)$ と $s_i(\mathbf{r}, t)$ は位置 $\mathbf{r}$ および時間 t における保存場ならびに非保存場の秩序変数で，i は秩序変数の番号である．$\mathbf{J}$ は保存場の秩序変数の流束ベクトルである（J_i はその成分）．M_{ij} と L_{ij} は，各々の秩序変数の時間変化に対する易動度（もしくは緩和係数）で，一般的には秩序変数と温度の関数となるが実際の計算では定数もしくは温度のみの関数とされる場合が多い．G_{sys} は前項にて説明した不均一組織全体の全自由エネルギー汎関数である．多くの場合，G_{sys} を用いて，G_{sys} の秩序変数に関する汎関数微分（$\delta G_{\mathrm{sys}}/\delta c_i$ と $\delta G_{\mathrm{sys}}/\delta s_i$）を解析的に導出できるので，上記の発展方程式の数値計算は，通常の非線形偏微分方程式に対する時間発展形式の数値計算に等しい（汎関数微分については付録

4　　　　　　　　　　第1章　フェーズフィールド法

A1を参照). したがって, 従来, 計算力学や計算流体力学の分野にて発展してきた各種の数値計算手法[4]が活用できる.

　式(1-2)〜式(1-4)の物理的意味について考えてみよう. まず, 式(1-3)と式(1-2)はそれぞれ, フィックの第一および第二法則の一般的表記に対応し, したがってM_{ij}は原子の拡散係数に関連している (詳細は5章を参照). 式(1-3)と式(1-4)の意味は以下のように理解できる. 両式右辺の括弧内は, 全自由エネルギーの秩序変数による汎関数微分であり, これはポテンシャルと呼ばれ, その秩序変数が微量変化したときに生じる正味のエネルギー変化量である. 右辺のマイナスは, 全自由エネルギーが減少する方向に秩序変数が変化することを意味する. 式(1-3)の右辺にナブラ ∇ がついているのは, 濃度場が保存量で溶質原子という流れる "もの" が存在するために, これから溶質がどちらの方向に流れるかを判断するためには, その周辺 (これから流れる先) のポテンシャル場の高低, すなわちポテンシャル勾配を見る必要があるからである. 一方, 式(1-4)の非保存場では, 流れる "もの" が存在せず (つまり J が定義できない), 湧き出し (着目している点における状態変化) のみであるために, 周辺を気にすることなく秩序変数は変化でき, したがってナブラは必要ない.

1.4　保存場と非保存場の発展方程式の物理的意味

　保存場とはその秩序変数を空間で積分した量が時間に依存せず一定値を取る場合で, 非保存場はこれが一定にならず時間変化する場合である. 通常の保存場と非保存場の最も簡単な場合として, 濃度場 $c(\mathbf{r}, t)$ と規則度場 $s(\mathbf{r}, t)$ を考え, 保存場と非保存場の発展方程式の物理的意味について, エネルギー散逸関数[12]を用いて考察してみよう. エネルギー散逸関数は, {[系の全自由エネルギー G_{sys} の時間変化率]/2} にて定義される. まず秩序変数として濃度場のみを考慮した場合, 散逸関数は,

$$\frac{1}{2}\left(\frac{\partial G_{\mathrm{sys}}}{\partial t}\right) = \frac{1}{2}\int_V\left(\frac{\delta G_{\mathrm{sys}}}{\delta c}\right)\left(\frac{\partial c}{\partial t}\right)dV \tag{1-5}$$

と表現することができる. これに式(1-2)を代入すると,

1.4　保存場と非保存場の発展方程式の物理的意味　　　5

$$\frac{1}{2}\left(\frac{\partial G_{\mathrm{sys}}}{\partial t}\right)=\frac{1}{2}\int_V\left(\frac{\delta G_{\mathrm{sys}}}{\delta c}\right)\left(\frac{\partial c}{\partial t}\right)dV=\frac{1}{2}\int_V\left(\frac{\delta G_{\mathrm{sys}}}{\delta c}\right)(-\nabla\cdot\mathbf{J})\,dV$$

$$=\frac{1}{2}\int_S\left(\frac{\delta G_{\mathrm{sys}}}{\delta c}\right)(-\mathbf{J}\cdot\mathbf{n})\,dS-\frac{1}{2}\int_V\left(\nabla\frac{\delta G_{\mathrm{sys}}}{\delta c}\right)\cdot(-\mathbf{J})\,dV$$

$$=\frac{1}{2}\int_V\left(\nabla\frac{\delta G_{\mathrm{sys}}}{\delta c}\right)\cdot\mathbf{J}\,dV \tag{1-6}$$

を得る．式の変形においてガウスの発散定理（Divergence theorem）を用い（ガウスの発散定理の式については，問題1.1を参照），表面積分はゼロとした（これは外界との流れの授受のない閉鎖系を仮定したことに対応する）．

　さて熱力学的に，閉鎖系において式(1-6)は常に減少すると考えると，流れ場 $\mathbf{J}$ を，式(1-3)のように仮定することが最も簡潔でかつ理にかなっている．なぜならば式(1-3)を式(1-6)に代入することにより散逸関数が，

$$\frac{1}{2}\left(\frac{\partial G_{\mathrm{sys}}}{\partial t}\right)=-\frac{1}{2}\int_r M_0\left(\nabla\frac{\delta G_{\mathrm{sys}}}{\delta c}\right)^2 d\mathbf{r}\leq 0 \tag{1-7}$$

と表現され（簡単のため $M_{ij}=M_0$ とした），全自由エネルギーの減少が保証されるからである（物理的に $M_0\geq 0$）．

　同様に非保存場に関する発展方程式について考えてみよう．この場合，散逸関数は，

$$\frac{1}{2}\left(\frac{\partial G_{\mathrm{sys}}}{\partial t}\right)=\frac{1}{2}\int_r\left(\frac{\delta G_{\mathrm{sys}}}{\delta s}\right)\left(\frac{\partial s}{\partial t}\right)d\mathbf{r}=-\frac{1}{2}\int_r L_0\left(\frac{\delta G_{\mathrm{sys}}}{\delta s}\right)^2 d\mathbf{r}\leq 0 \tag{1-8}$$

と計算され（簡単のため $L_{ij}=L_0$ とした），散逸関数が減少関数となっていることが確認できる（$L_0\geq 0$）．

　ところで，式(1-7)と式(1-8)からわかるように，フェーズフィールド法は，エネルギーの減少する方向にしか組織変化を計算しない．したがって，例えば核形成過程[3, 23]など，いったんエネルギーが増加する現象を計算することができない．したがって，核形成を伴う組織形成の計算では，初期核もしくは場の揺らぎを人為的に与えた計算が行われている．

　以上のように発展方程式は現象論的な偏微分方程式ではあるが，重要な点は，全自由エネルギーに基づいて発展方程式が定義されている点である．フェーズフィールド法の特徴の一つは，通常の移動速度論などのように，"初めに拡散方程式などの現象論的方程式ありき"ではなく，常に"初めに全自由

エネルギーありき" からスタートし，この全自由エネルギーを基礎に発展方程式が定義される点である．

参 考 文 献

[1] D. Raabe 著，酒井信介，泉　聡志 共訳：コンピュータ材料科学，森北出版 (2004), 175.

[2] 日本数理生物学会　編：シリーズ数理生物学要論　巻 2,「空間」の数理生物学」，共立出版 (2009), 167.

[3] 斉藤良行：組織形成と拡散方程式，コロナ社 (2000).

[4] 矢川元基，宮崎則幸 編：計算力学ハンドブック，朝倉書店 (2007), 376.

[5] 西浦廉政：非平衡ダイナミクスの数理，岩波書店 (2009).

[6] S. Yip (Ed.)：Chapter 7 in Handbook of Materials Modeling, Springer-Verlag, Netherlands (2005), 2081.

[8] 小山敏幸：まてりあ，**42** (2003), 397, 470.

[9] 小山敏幸：ふぇらむ，**9** (2004), 240, 301, 376, 497, 905.

[10] 小山敏幸：日本金属学会誌，**73** (2009), 891.

[11] 小山敏幸：金属，**80** (2010), 92.

[12] 北原和夫：非平衡系の統計力学，岩波書店 (1997).

[13] 高橋　康：古典場から量子場への道，講談社サイエンティフィク (1979).

[14] 川崎恭治：非平衡と相転移，朝倉書店 (2000), 171.

[15] 藤田英一：金属物理，アグネ技術センター (1996).

[16] 志賀正幸：磁性入門，内田老鶴圃 (2007).

[17] 上垣外修己，神谷信雄：セラミックスの物理，内田老鶴圃 (1998).

[18] 大堺利行，加納健司，桑畑　進：ベーシック電気化学，化学同人 (2000).

[19] J. A. Warren, R. Kobayashi, A. E. Lobkovsky and W. C. Carter：Acta Mater., **51** (2003), 6035.

[20] A. Hubert and R. Schafer：Magnetic Domains-The Analysis of Magnetic Microstructure, Springer-Verlag (1998).

[21] 太田恵造：磁気工学の基礎（Ⅰ），（Ⅱ），共立出版 (1973).

[22] 松川　宏：わかる電磁気学，サイエンス社 (2008).

[23] 榎本正人：金属の相変態，内田老鶴圃 (2000).

第1章 問　題

1.1 ガウスの発散定理：$\int_V f \nabla \cdot \mathbf{g}\, dV = \int_S f\mathbf{g} \cdot \mathbf{n}\, dS - \int_V \nabla f \cdot \mathbf{g}\, dV$ が，一次元では部分積分になることを確認せよ．ここで，V と S の積分はそれぞれ物体の体積および表面に関する積分を意味し，$\mathbf{n}$ は物体表面における法線ベクトルである．f と $\mathbf{g}$ はそれぞれ任意のスカラー関数およびベクトル関数である．

1.2 問題 1.1 で示したガウスの発散定理において，f が定数 f_0 である場合について，式を簡単化せよ．

解答

1.1 関数 $\mathbf{g} = (g_1, g_2, g_3)$ と置いて，x 方向の一次元を考慮すると，両辺の体積積分の項は，$\int_V f\nabla \cdot \mathbf{g}\, dV = \int_x f \dfrac{dg_1}{dx} dx$，$\int_V \nabla f \cdot \mathbf{g}\, dV = \int_x \dfrac{df}{dx} g_1\, dx$ となる．次に一次元の表面とは，x 方向の積分範囲の両端二点に対応するので，この両端（左右二点）の座標をそれぞれ x_L と x_R とすると，x_L にて $\mathbf{n} = (-1, 0, 0)$ および x_R にて $\mathbf{n} = (1, 0, 0)$ であることを考慮して，右辺の面積積分は，

$$\int_S f\mathbf{g} \cdot \mathbf{n}\, dS = f(x_\mathrm{R})g_1(x_\mathrm{R}) - f(x_\mathrm{L})g_1(x_\mathrm{L}) = [fg_1]_{x_\mathrm{L}}^{x_\mathrm{R}}$$

である．したがって，$\int_V f\nabla \cdot \mathbf{g}\, dV = \int_S f\mathbf{g} \cdot \mathbf{n}\, dS - \int_V \nabla f \cdot \mathbf{g}\, dV$ を一次元表現すると，

$$\int_x f \frac{dg_1}{dx} dx = [fg_1]_{x_\mathrm{L}}^{x_\mathrm{R}} - \int_x \frac{df}{dx} g_1\, dx$$

となり，通常の一次元における部分積分に一致する．つまりガウスの発散定理とは，一次元の部分積分計算を多次元に拡張した計算と見ることができる．

1.2 f を定数 f_0 と置くと，$\nabla f_0 = \mathbf{0}$ であるので，

$$\int_V f_0 \nabla \cdot \mathbf{g}\, dV = \int_S f_0\mathbf{g} \cdot \mathbf{n}\, dS - \int_V \nabla f_0 \cdot \mathbf{g}\, dV = \int_S f_0\mathbf{g} \cdot \mathbf{n}\, dS,$$

$$f_0 \int_V \nabla \cdot \mathbf{g}\, dV = f_0 \int_S \mathbf{g} \cdot \mathbf{n}\, dS,$$

$$\therefore \quad \int_V \nabla \cdot \mathbf{g}\, dV = \int_S \mathbf{g} \cdot \mathbf{n}\, dS$$

と変形でき，よく教科書で見かけるガウスの発散定理の公式が得られる．

計算組織学編

第2章

多変数系の熱力学

　均一系（単相）の化学的自由エネルギーの詳細に関しては，本書の姉妹編
[計算熱力学編]にて説明されているので，本書では省略する．均一系（単相）
における自由エネルギーの具体的な定式化に関しては，[計算熱力学編]を参
照していただきたい．

　さて実際の不均一な材料組織を解析するためには，通常の熱力学ではあまり
考慮されてこなかった種々の変数（秩序変数）を導入する必要が生じる場合が
多い．したがって，以下では通常の熱力学を多変数の熱力学に拡張する手法に
ついて，特に記憶図[1]を用いた直感的な方法論を説明する（また以下は，姉
妹編である[計算熱力学編]において説明された熱力学の鳥瞰図的なまとめに
も対応している）．

2.1　熱力学関係式

　熱力学の体系を理解するには変数の定義を明確にすることが大切である．熱
力学の体系の特徴は，エネルギーの次元を持つ物理量を，互いに共役な関係に
ある示量変数（Extensive variable）と示強変数（Intensive variable）の積で
表現する点にある．圧力 P，体積 V，温度 T，エントロピー S，化学ポテン
シャル μ およびモル数 N について，例えば TS, PV および μN などである．
熱力学を学習する際にしばしば困難と感じる点は，これら変数の種類が非常に
多く，かつ変数間に多数の関係式が存在する点である．実はこの熱力学関係式
は，幾何学的に理解することができる．以下において，まず形式的にこの点に
ついて説明しよう．

　議論を簡単にするために，変数を $P, V, T,$ および S のみに限定する（純物

9

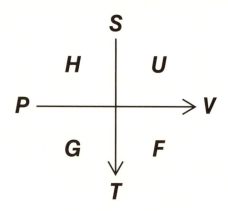

図 2.1 変数 P, V, T, S の関係.

質の場合 N は不要であるので，この条件は純物質の熱力学に相当している）．これら変数間の関係は**図 2.1** にて総合的に表現でき，この図は記憶図（Mnemonic diagram）と呼ばれている．まず図の覚え方を説明しよう．光は天の太陽（**S**un）から地上の木（**T**ree）にふりそそぎ（矢印は上から下），水は山の頂（**P**eak）から谷（**V**alley）へ流れ下る（矢印は左から右）．あとは右上の第一象限から時計回りに，U, F, G, H と書けばよい．U, F, G, H は，内部エネルギー，ヘルムホルツエネルギー，ギブスエネルギーおよびエンタルピーである（内部エネルギー U の記号には，しばしば E も使われるので，E, F, G, H とすれば，この並びはそのままアルファベット順になっており，覚える際にはこちらの方が都合よいかもしれない）．また各軸は共役な変数の対 $[(S, T)$ および $(P, V)]$ で構成されている．

まず熱力学的関数 U, F, G, H 間の変換は，変換したい変数へ軸に沿って，その軸を構成する変数の積を矢印に合わせて引けばよい．例えば，U を F に変換するには，その方向に平行な軸は $(S\text{-}T)$ 軸であり，変換は矢印方向に一致するので，$F = U - TS$ となる．U を H に変換するには，その方向の軸は $(P\text{-}V)$ 軸であり，矢印に逆らう方向になるので PV にマイナスをつけて引き，$H = U - (-PV) = U + PV$ となる．G は，H あるいは F から上記と同様の方法で求める．U, F, G, H の中で最も基本的な量は U であり，U の独立変数（S と V）は全て示量変数である（U 自身も示量変数）．U を起点に上記の操作に

よって，F, G, H を表す式が求められる（この操作は数学的にはルジャンドル変換[1,2]に当たり，一般的に独立変数の変換を行う操作に対応する）．

　次に偏微分が現れる関係式について U を例に説明する．まず U は独立変数として S と V を持つ．つまり図の U の領域を囲む変数が独立変数である．ここで，図に従って $U {\rightarrow} S {\rightarrow} T$ とたどってみていただきたい．矢印に沿ってそのまま T に行き着くはずである．実は「$U(S, V)$ を S で偏微分すると T」なのである．同様に，図に従って $U {\rightarrow} V {\rightarrow} P$ とたどると，今度は矢印に逆らって P に行き着く．矢印に逆らう場合，マイナスをつけると約束すると，この操作は「$U(S, V)$ を V で偏微分すると $-P$」ということになる．したがって，

$$\left(\frac{\partial U}{\partial S}\right)_V = T, \quad \left(\frac{\partial U}{\partial V}\right)_S = -P \tag{2-1}$$

を得る（左辺の添え字の部分には，偏微分で使用しなかった変数が現れる点に注意）．さらに，式(2-1)をそれぞれもう一度 V と S で偏微分すると，

$$\frac{\partial^2 U}{\partial V \partial S} = \left(\frac{\partial T}{\partial V}\right)_S, \quad \frac{\partial^2 U}{\partial S \partial V} = -\left(\frac{\partial P}{\partial S}\right)_V, \quad \rightarrow \quad \therefore \left(\frac{\partial T}{\partial V}\right)_S = -\left(\frac{\partial P}{\partial S}\right)_V \tag{2-2}$$

となって，マックスウェルの関係式が簡単に導かれる．以上から U について三つの関係式が得られる．F, G, H についても同様にして関係式がそれぞれ三つ得られるので，全部で 12 個の関係式がたちどころに図から求められることになる．

　続いて $U(S, V)$ の全微分 dU は，独立変数が S と V であることから，上で導いた関係式を用いて，

$$dU = \left(\frac{\partial U}{\partial S}\right)_V dS + \left(\frac{\partial U}{\partial V}\right)_S dV = TdS - PdV \tag{2-3}$$

となり，熱力学の第一法則（エネルギー保存則）が導かれる．同様な手順により，

$$dF = \left(\frac{\partial F}{\partial T}\right)_V dT + \left(\frac{\partial F}{\partial V}\right)_T dV = -SdT - PdV$$

$$dG = \left(\frac{\partial G}{\partial T}\right)_P dT + \left(\frac{\partial G}{\partial P}\right)_T dP = -SdT + VdP \tag{2-4}$$

$$dH = \left(\frac{\partial H}{\partial S}\right)_P dS + \left(\frac{\partial H}{\partial P}\right)_S dP = TdS + VdP$$

も容易に得られる．通常の熱力学の関係式として残っているものは，状態方程式 $PV=RT$ のみである（この式は気体定数 R の定義式と見なすと体系的にまとめやすいかもしれない）．

2.2 変数の拡張

以上では，変数として S,T,P,V のみを考慮したが，これにモル濃度 N と化学ポテンシャル μ を加えてみよう[3]．この場合，N が示量変数で，それに共役な示強変数が μ であり，μN はエネルギーの次元を持つ．図 2.1 に対応する図は立体となり，**図 2.2** のように表現される．図 2.1 に $(N\text{-}\mu)$ 軸を加え，手前の N 側に図 2.1 の U,F,G,H が位置する．奥の μ 側については，F の奥に位置する Ω がグランドポテンシャル，G の奥の Z がゼロポテンシャルと呼ばれる熱力学関数で，それぞれ，$\Omega=F-\mu N$ および $Z=G-\mu N$ にて定義される．U と H の奥側でも数学的には熱力学関数を定義できるが，熱力学において明確な命名はなされていないようである（したがってここでは □ と示した）．ちなみに図の覚え方は，$(N\text{-}\mu)$ 軸について，"音はノイズ（**N**oise）から音楽（**M**usic）へ" と覚えておこう（これに合わせて，手前から奥へ矢印を引く）．図の使用法は，図 2.1 の場合と全く同じである．

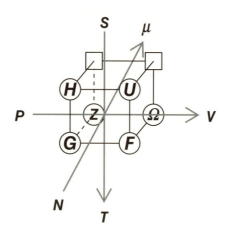

図 2.2　変数 P,V,T,S,N,μ の関係．

まず U の独立変数は，S, V, N である（いずれも示量変数）．例えば U に関する偏微分および全微分に関する関係式は，

$$\left(\frac{\partial U}{\partial S}\right)_{V,N} = T, \quad \left(\frac{\partial U}{\partial V}\right)_{S,N} = -P, \quad \left(\frac{\partial U}{\partial N}\right)_{S,V} = \mu \tag{2-5}$$

$$dU = \left(\frac{\partial U}{\partial S}\right)_{V,N} dS + \left(\frac{\partial U}{\partial V}\right)_{S,N} dV + \left(\frac{\partial U}{\partial N}\right)_{S,V} dN = TdS - PdV + \mu dN \tag{2-6}$$

となる．マックスウェルの関係式も全く同様に容易に

$$\left(\frac{\partial T}{\partial V}\right)_{S,N} = -\left(\frac{\partial P}{\partial S}\right)_{V,N}, \quad \left(\frac{\partial T}{\partial N}\right)_{S,V} = \left(\frac{\partial \mu}{\partial S}\right)_{V,N}, \quad -\left(\frac{\partial P}{\partial N}\right)_{S,V} = \left(\frac{\partial \mu}{\partial V}\right)_{S,N} \tag{2-7}$$

と導かれるので，通常の合金熱力学の基本的な関係式は，全てたちどころに求まる．

もちろん以上の内容は名著である文献[1]の説明の焼き直しにすぎないが，図 2.2 一つで合金の熱力学的関係式を視覚的に頭に入れることができる点は有益であろう．図 2.2 は簡便に熱力学の関係式を覚える方法論でもあるが，最も大切な点は，熱力学の基本［計算熱力学編］をきちんと理解し，熱力学の各種関係式を論理的に導くことができる力を養った上で，上記のように体系的に全体をとらえることである．

2.3　一般的な多変数系への熱力学の拡張

前節では，図 2.1 に N と μ を加えた場合を説明したが，この議論は任意の示量変数と示強変数の組み合わせ（積はエネルギーの次元を持つ）を記憶図に追加する方法論に拡張できる．これを理解するために，記憶図の構造についてもう少し詳しく見ていこう．記憶図を構成する軸は，共役な示量変数と示強変数の対によって構成される．内部エネルギー U の独立変数は示量変数でなくてはならないので，常に内部エネルギーを取り囲む座標軸に示量変数がくるように示量変数と示強変数を配置する．軸の矢印の方向については，示強変数の増大が示量変数の増加をもたらす場合，示量変数から示強変数へ向かって引く．多くの物理現象では，示強変数の増大が示量変数の増加をもたらすので，通常，矢印は示量変数から示強変数へ向かって引かれることになる．PV は例

外であり，P から V へ向かって矢印を引く．これは熱力学の歴史において，圧縮圧力を P の値が正となるように定義したために，P の増加は系の体積 V の減少をもたらすことになったからである．

さて記憶図の拡張について考えてみよう．弾性力学および電磁気学を考慮し，さらに一般的な任意の共役な示量変数と示強変数も導入して，かつ多成分系への拡張を対象とする．弾性エネルギーを記述する示量変数と示強変数はそれぞれ歪 ε_{ij} および応力 σ_{ij} である．もともと熱力学には仕事として PV が存在するが，これは弾性力学における静水圧（圧力 $-P$）における仕事と見なすことができるので，PV の部分を，より一般的に弾性仕事 $\sigma_{ij}\varepsilon_{ij}$ に置き換えることにしよう[4]．応力については膨張（もしくは引張り）を正，圧縮を負に取る．特に材料力学では，引張試験が力学特性の基本的測定法であるので，この場合，示強変数である応力 σ_{ij} の増加が，示量変数の歪 ε_{ij} を増加させる（つまり軸の矢印方向は ε_{ij} から σ_{ij} に向かって取る）．応力の符号の定義が PV の場合と逆になるが，著者としては，こちらの方が材料力学と熱力学との連携という観点からは理解しやすいと思われる．続いて電磁気学と熱力学との連携について考えてみよう．材料科学では，磁性体および誘電体の磁場および電場によるエネルギーに着目する場合が多いので，磁性体と誘電体の場合について説明する．磁気エネルギーに関する示量変数と示強変数は，それぞれ磁化の強さ M_i（磁気モーメントベクトル成分，$i=x, y, z$）と磁場 H_i（磁場ベクトル成分）である．また電気エネルギーについては，示量変数と示強変数は，それぞれ分極の強さ P_i（分極モーメントベクトル成分）と電場 E_i（電場ベクトル成分）である．さらに一般的な示量変数と示強変数（積はエネルギーの次元を持つ）をそれぞれ，ϕ_q および χ_q とする（q は変数の種類を区別する番号）．また濃度に関しては多成分系を考慮し，多成分系の成分を区別する番号を p と表そう．内部エネルギー U は示量変数のみの関数として定義されるので，以上から，$U(S, \varepsilon_{ij}, N_p, M_i, P_i, \phi_q)$ と表現できる．したがって，dU は，一般的に

$$dU = TdS + \sigma_{ij}\,d\varepsilon_{ij} + \mu_p\,dN_p + \chi_q\,d\phi_q + E_i\,dP_i + H_i\,dM_i \tag{2-8}$$

と与えられる．一見複雑であるが，前節で説明したように示量変数と示強変数の対を一組ずつ追加していったものと考えればよい．記憶図の表示に関しては，もはや三次元では表記できないが，図 2.1 に $(N\text{-}\mu)$ 軸を加えて図 2.2 を

得たように，示量変数と示強変数の対の軸を加えていけばよい（常に内部エネルギー U の領域が示量変数で囲まれるように軸を追加する）.

　均一な材料（単相）の熱力学的な安定性は，以上の議論を基礎に解析できる．本書は組織形成を対象としているので，材料は不均一（組織）であり，ここで述べた各種の変数が，材料内の位置および時間で変化している．次章から，このような不均一場における自由エネルギーの評価法に進む.

参 考 文 献

[1]　H. B. キャレン 著，小田垣孝 訳：熱力学および統計物理入門（上，下）（第2版），吉岡書店（1998）.

[2]　清水　明：熱力学の基礎，東京大学出版会（2007）.

[3]　小山敏幸：まてりあ，**44**（2005），774.

[4]　加藤雅治：入門 転位論，裳華房（1999）.

16 第2章 多変数系の熱力学

第2章 問　題

2.1　図2.2を用いて，ヘルムホルツエネルギーおよびギブスエネルギーに関する関係式を求めよ（式(2-5)〜(2-7)に対応する関係式）.

2.2　静水圧 P において，式(2-8)右辺の $\sigma_{ij}\,d\varepsilon_{ij}$ が $-PdV$ に一致することを確認せよ.

解答

2.1　ヘルムホルツエネルギーおよびギブスエネルギーに関する関係式は，それぞれ，以下のようになる.

・ヘルムホルツエネルギーに関する関係式：

$$F(T,V,N)=U-TS$$

$$\left(\frac{\partial F}{\partial T}\right)_{V,N}=-S,\quad \left(\frac{\partial F}{\partial V}\right)_{T,N}=-P,\quad \left(\frac{\partial F}{\partial N}\right)_{T,V}=\mu$$

$$dF=\left(\frac{\partial F}{\partial T}\right)_{V,N}dT+\left(\frac{\partial F}{\partial V}\right)_{T,N}dV+\left(\frac{\partial F}{\partial N}\right)_{T,V}dN=-SdT-PdV+\mu dN$$

$$\left(\frac{\partial S}{\partial V}\right)_{T,N}=\left(\frac{\partial P}{\partial T}\right)_{V,N},\quad -\left(\frac{\partial S}{\partial N}\right)_{T,V}=\left(\frac{\partial \mu}{\partial T}\right)_{V,N},\quad -\left(\frac{\partial P}{\partial N}\right)_{T,V}=\left(\frac{\partial \mu}{\partial V}\right)_{T,N}$$

・ギブスエネルギーに関する関係式：

$$G(T,P,N)=F+PV=U-TS+PV$$

$$\left(\frac{\partial G}{\partial T}\right)_{P,N}=-S,\quad \left(\frac{\partial G}{\partial P}\right)_{T,N}=V,\quad \left(\frac{\partial G}{\partial N}\right)_{T,P}=\mu$$

$$dG=\left(\frac{\partial G}{\partial T}\right)_{P,N}dT+\left(\frac{\partial G}{\partial P}\right)_{T,N}dP+\left(\frac{\partial G}{\partial N}\right)_{T,P}dN=-SdT+VdP+\mu dN$$

$$-\left(\frac{\partial S}{\partial P}\right)_{T,N}=\left(\frac{\partial V}{\partial T}\right)_{P,N},\quad -\left(\frac{\partial S}{\partial N}\right)_{T,P}=\left(\frac{\partial \mu}{\partial T}\right)_{P,N},\quad \left(\frac{\partial V}{\partial N}\right)_{T,P}=\left(\frac{\partial \mu}{\partial P}\right)_{T,N}$$

2.2　静水圧 P では，応力成分は $\sigma_{11}=\sigma_{22}=\sigma_{33}=-P,\ \sigma_{12}=\sigma_{13}=\sigma_{23}=0$ である. また単位体積の立方体において，応力によって引き起こされる体積変化は，$(1+d\varepsilon_{11})(1+d\varepsilon_{22})(1+d\varepsilon_{33})-1\simeq d\varepsilon_{11}+d\varepsilon_{22}+d\varepsilon_{33}$ であるので，dV は，$dV=d\varepsilon_{11}+d\varepsilon_{22}+d\varepsilon_{33}$ にて与えられる.

　したがって，$\sigma_{ij}\,d\varepsilon_{ij}$ は，

$$\sigma_{ij}d\varepsilon_{ij} = \sigma_{11}d\varepsilon_{11} + \sigma_{22}d\varepsilon_{22} + \sigma_{33}d\varepsilon_{33} = -P(d\varepsilon_{11} + d\varepsilon_{22} + d\varepsilon_{33}) = -PdV$$

と計算され，$-PdV$に一致することがわかる．

計算組織学編

第3章

不均一場における自由エネルギー（1）
―勾配エネルギー―

　不均一な組織では秩序変数が空間的に変化しており，これに起因して，勾配エネルギー（Gradient energy）[1-6]と呼ばれる化学的な過剰エネルギーを考慮する必要が生じる．以下では，スピノーダル分解理論（Theory of spinodal decomposition）[6]における濃度勾配エネルギー（Composition gradient energy）[6]を例に勾配エネルギーの物理的意味および計算式について説明する．

3.1　濃度勾配エネルギー

　まず濃度勾配エネルギーの物理的意味について図3.1の濃度プロファイルの模式図を用いて考えてみよう．通常の化学的自由エネルギー（ギブスエネルギーやヘルムホルツエネルギー）は濃度のみの関数である（温度一定の場合）．しかし，スピノーダル分解（Spinodal decomposition）[7-9]のように空間的に非常に急峻な濃度変動が生じる場合には，化学的自由エネルギーに過剰項（濃度勾配がない単相状態の化学的自由エネルギーからのずれ）が発生する．例えば図3.1の(A)位置では四つの異なる濃度プロファイルが交差しており（均一濃度の単相のプロファイルも含む），いずれの濃度プロファイルでも，交差点の濃度は c_0 であるので，通常の化学的自由エネルギー（濃度と温度のみの関数）を考慮した場合，四つの濃度プロファイルにおいて，(A)点でエネルギー的な差はないことになる．しかしナノスケールの急峻な濃度勾配や曲率を有する界面部分では，原子の結合種の数（元素名を A および B として，A-A 対や A-B 対などの原子の結合の手の本数）や界面部分の原子間距離（原子サイズの相違による）が，濃度プロファイル形状に依存して変化しており，この効果によって内部エネルギーに，濃度均一場の化学的自由エネルギーからのずれが生

19

第3章 不均一場における自由エネルギー（1）—勾配エネルギー—

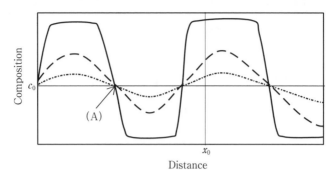

図 3.1 一次元濃度プロファイルの模式図.

じる．したがって，このような急峻な濃度プロファイルを有する不均一系における化学的自由エネルギーの評価では，濃度以外に濃度プロファイル形状の情報である濃度勾配や曲率なども独立変数として化学的自由エネルギー表現に取り込む必要が生じる．この濃度場の空間的な不均一に起因するエネルギー変化量がスピノーダル分解理論における濃度勾配エネルギーである．

具体的に濃度勾配エネルギー式を導出してみよう[6]．いま A-B 二元系を考え，B 成分組成を c とする．相変態では，c は時間 t と位置 $\mathbf{r}=(x,y,z)$ の関数である．ここでは，濃度勾配ベクトル ∇c と濃度場の曲率 $\nabla^2 c(=\nabla\cdot\nabla c)$ を独立変数に取る．$\nabla^2 c$ はフィックの第二法則の右辺に現れる量であり，物理的には局所的な濃度変動量（スカラー量）である．化学的自由エネルギー関数を，∇c と $\nabla^2 c$ にて多変数テイラー展開すると，

$$G_c(c, \nabla c, \nabla^2 c) = G_c(c,0,0) + \mathbf{K}_0(c)\cdot(\nabla c)$$
$$+ K_1(c)(\nabla^2 c) + K_2(c)(\nabla c)\cdot(\nabla c) + K_3(c)(\nabla^2 c)^2 + \cdots$$
$$\simeq G_c(c,0,0) + \mathbf{K}_0(c)\cdot(\nabla c) + K_1(c)(\nabla^2 c) + K_2(c)(\nabla c)^2$$

(3-1)

を得る（多変数テイラー展開の公式は，問題 3.1 を参照）．ただし最後のところで高次項を省略した．$K_i(c)$ は展開係数である（太文字の展開係数は，ベクトル $\mathbf{K}_0(c)=(K_0(c), K_0(c), K_0(c))$ である）．上式の表現が，濃度プロファイル形状まで考慮した濃度不均一系における化学的自由エネルギー（正確には場所の関数であるので，エネルギー密度）である．

3.1 濃度勾配エネルギー

さてここで図 3.1 のように，一次元（x 方向）の任意形状の濃度プロファイルを想定し，位置 x_0 におけるエネルギーについて考えてみよう．位置 x_0 のエネルギーは，式(3-1)より $G_c\{c(x_0), \nabla c(x_0), \nabla^2 c(x_0)\}$ である．ここで，x_0 を中心に左右反転の座標変換を関数 G_c に施してみよう（これは同じ場所を裏からながめた場合に相当する，つまり，数学的には $(\partial x \to -\partial x)$ の操作を行ったことに対応する）．この場合，位置 x_0 のエネルギーは $G_c\{c(x_0), -\nabla c(x_0), \nabla^2 c(x_0)\}$ となる．エネルギーは座標変換に対して不変である（エネルギーはスカラーであるので，裏から見ても値は変わらない）ので，物理的に，

$$G_c\{c(x_0), \nabla c(x_0), \nabla^2 c(x_0)\} = G_c\{c(x_0), -\nabla c(x_0), \nabla^2 c(x_0)\} \tag{3-2}$$

でなくてはならない．式(3-2)に式(3-1)を代入すると，$K_0\{c(x_0)\}\{\nabla c(x_0)\} = 0$ となり，任意の位置 x_0 において式(3-2)が成立するためには，$K_0\{c(x_0)\}$ は恒等的に 0 でなくてはならないことがわかる．以上の議論は，y 方向でも z 方向でも同様に成り立つので，$\mathbf{K}_0(c) = \mathbf{0}$ となる．以上から不均一系の化学的自由エネルギーは，

$$G_c(c, \nabla c, \nabla^2 c) = G_c(c, 0, 0) + K_1(c)(\nabla^2 c) + K_2(c)(\nabla c)^2 \tag{3-3}$$

にて与えられる．ここで，$G_c(c, 0, 0)$ は濃度勾配ベクトル ∇c と濃度変動量 $\nabla^2 c$ が 0 である場合の化学的自由エネルギーであるので，通常の化学的自由エネルギー（濃度が均一な場合）に等しい．したがって，濃度変動が生じたことに起因する系全体の過剰自由エネルギー E_{grad} は，

$$E_{grad} = \int_V [K_1(c)(\nabla^2 c) + K_2(c)(\nabla c)^2] dV$$

$$= \int_V K_1(c)(\nabla^2 c) dV + \int_V K_2(c)(\nabla c)^2 dV \tag{3-4}$$

にて与えられ，これが濃度勾配エネルギーである．なお勾配エネルギーと界面エネルギーは物理的に異なる点を注意しておく．界面エネルギーには E_{grad} 以外に界面部分における化学的自由エネルギーの濃度均一場成分（式(3-3)おける $G_c(c, 0, 0)$ に関係する項）が含まれているからである．

さて，ここで式(3-4)の右辺第一項をガウスの発散定理：$\int_V f \nabla \cdot \mathbf{g} \, dV$ $= \int_S f \mathbf{g} \cdot \mathbf{n} \, dS - \int_V \nabla f \cdot \mathbf{g} \, dV$ を用いて変形しよう（問題 1.1 参照）．$f = K_1(c)$

および $\mathbf{g}=\nabla c$ と置くと,

$$\int_V K_1(c)(\nabla^2 c)dV = \int_S K_1(c)\{(\nabla c)\cdot\mathbf{n}\}\,dS - \int_V (\nabla K_1)\cdot(\nabla c)dV$$

$$= \int_S K_1(c)\{(\nabla c)\cdot\mathbf{n}\}\,dS - \int_V \frac{\partial K_1}{\partial c}(\nabla c)^2 dV$$

$$= -\int_V \frac{\partial K_1}{\partial c}(\nabla c)^2 dV \qquad (3\text{-}5)$$

となる. $\mathbf{n}$ は系の表面における外向き法線ベクトルである. 表面積分項が消えているのは, 系の表面全体で積分した値が統計的に 0 となる (いま $\mathbf{n}$ と ∇c は独立と考えているので, 個々の c について, 表面位置における ∇c の法線方向成分 $(\nabla c)\cdot\mathbf{n}$ の総和を計算した場合, 統計的に 0 とすることは物理的に正しいと考えられる) ことを仮定した結果である (閉鎖系を考えて, 物体と外界との間で濃度のやりとりがないと考えてもよい). これより E_{grad} は最終的に

$$E_{\mathrm{grad}} = \int_V K_1(c)(\nabla^2 c)dV + \int_V K_2(c)(\nabla c)^2 dV$$

$$= \int_V \left\{ K_2(c) - \frac{\partial K_1}{\partial c}\right\}(\nabla c)^2 dV \qquad (3\text{-}6)$$

と変形される. ここであらためて,

$$\kappa(c) = K_2(c) - \frac{\partial K_1}{\partial c} \qquad (3\text{-}7)$$

と置くことにより濃度勾配エネルギーは,

$$E_{\mathrm{grad}} = \int_V \kappa(c)(\nabla c)^2 dV \qquad (3\text{-}8)$$

となる. $\kappa(c)$ は濃度勾配エネルギー係数と呼ばれ, エネルギー密度に長さの二乗をかけた次元を持ち, 厳密にはこの場合, 濃度の関数であるが, 定数と仮定される場合が多い ($\kappa(c)$ を平均組成の周りで展開し定数項のみを残した場合ととらえてもよい). ここで一次元の濃度プロファイルを考え, 不均一場における内部エネルギー式を具体的に計算することにより, 濃度勾配エネルギー係数を簡単に見積もってみよう.

まず A-B 二元系において, 正則溶体近似 [計算熱力学編] の化学的自由エネルギー内の内部エネルギー E は, $E = \Omega c(1-c)$ にて表現される. Ω は原子間相互作用パラメーターである (簡単のため定数と仮定). この式の $c(1-c)$

の部分は，統計熱力学の平均場近似に基づき，例えば，B 原子の総数：Nc（N は全原子数）と，B 原子の最近接原子間位置に存在する A 原子数：$z(1-c)$（z は最近接原子の配位数）の積から導かれている[9]．つまり最近接原子間距離だけ離れていても濃度が均一であることが仮定されている．いま位置 x によって濃度 c が変化している場合を考えているので，x を中心に最近接原子間距離 Δx だけ離れた原子間で同様の計算を行うと，Δx だけ離れた原子の座標は，$x+(\Delta x/2)$ と $x-(\Delta x/2)$ であるため，この場合の内部エネルギーは，

$$E = \Omega c\left(x+\frac{\Delta x}{2}\right)\left\{1-c\left(x-\frac{\Delta x}{2}\right)\right\} \tag{3-9}$$

のように表現される（相分離した二相の界面幅は通常，数 nm 程度であるので，この部分の濃度勾配は原子スケールで急峻である）．位置 $x+(\Delta x/2)$ における濃度場 $c(x+(\Delta x/2))$ を

$$c\left(x+\frac{\Delta x}{2}\right) = c(x) + \left(\frac{\partial c}{\partial x}\right)_x\left(\frac{\Delta x}{2}\right) + \frac{1}{2}\left(\frac{\partial^2 c}{\partial x^2}\right)_x\left(\frac{\Delta x}{2}\right)^2 \tag{3-10}$$

のように展開近似し，これを式(3-9)に代入して高次項を省略すると，

$$E = \Omega c(x)\{1-c(x)\} + \frac{1}{8}\Omega\{1-2c(x)\}(\Delta x)^2\left(\frac{\partial^2 c}{\partial x^2}\right)_x + \frac{1}{4}\Omega(\Delta x)^2\left(\frac{\partial c}{\partial x}\right)_x^2 \tag{3-11}$$

を得る（式の変形において，式(3-2)の考え方を利用している点に注意しよう）．右辺第一項は，均一濃度場の内部エネルギーであるので，第二および三項が，濃度プロファイル形状に起因する内部エネルギーの過剰量となる．式(3-3)との比較から，

$$K_1(c) = \frac{1}{8}\Omega\{1-2c(x)\}(\Delta x)^2, \quad K_2(c) = \frac{1}{4}\Omega(\Delta x)^2 \tag{3-12}$$

であり，これらを式(3-7)に代入することにより濃度勾配エネルギー係数を，

$$\kappa(c) = K_2(c) - \frac{\partial K_1}{\partial c} = \frac{1}{2}\Omega(\Delta x)^2 \tag{3-13}$$

のように見積もることができる．原子間相互作用パラメーター Ω が濃度に依存する場合には，濃度勾配エネルギー係数も濃度依存性を持つことになるが，実際の組織形成の計算では定数と仮定される場合が多い．また式(3-13)の導出過程は非常に理想化した場合かつ一次元を想定しているので，係数の1/2は実

際には若干変化し，通常この係数は合金系もしくは結晶構造に依存した変数と置かれる．なお以上において，内部エネルギー項の過剰項のみについて取り扱い，化学的自由エネルギーにおける配置エントロピー項については何もふれなかったが，これはエントロピー項についても同様に計算すると過剰項は現れないことが確認されるからである（定性的には，エントロピー項（$S = k \ln W$）は，原子配置数 W に関連したかけ算を足し算にしてしまうために，ここで議論しているような過剰項は現れないといえる）．

以上，二元系の濃度場を例に勾配エネルギーの導出について説明した．多元系の場合や規則度などの非保存変数に関する勾配エネルギーも，以上と同様に定式化でき，例えば，N 成分系の濃度勾配エネルギーは，

$$E_{\text{grad}} = \frac{1}{2} \sum_{i=1}^{N} \kappa_{\text{c}} (\nabla c_i)^2 \tag{3-14}$$

と表現され（ここで $\sum_{i=1}^{N} c_i = 1$ である），また非保存変数 s_i に関する勾配エネルギーは，

$$E_{\text{grad}} = \frac{1}{2} \sum_i \kappa_{s_i} |\nabla s_i|^2 \ (i = 1, 2, 3, \cdots) \tag{3-15}$$

と表現される（$-1 \le s_i \le 1$）[8]．

3.2 平衡プロファイル形状と勾配エネルギー係数について

ここでは平衡プロファイル形状に関して，界面エネルギー密度と勾配エネルギー係数の関係式を導いてみよう[4,6,8]．一般的な秩序変数を s として（$0 \le s \le 1$），具体的に**図 3.2** のようなフラットな界面を横切る秩序変数プロファイル（x 方向：一次元）を考え，このプロファイルの平衡形状に関する関係式を導出する．なお勾配エネルギー係数 κ_{s} は定数と仮定する．界面領域の全自由エネルギー変化量は，単位面積当たり，

$$\Delta F = \int_{-\infty}^{\infty} \left\{ \Delta f(s) + \frac{1}{2} \kappa_{\text{s}} \left(\frac{ds}{dx} \right)^2 \right\} dx \tag{3-16}$$

と表現される（一次元であるので，s の勾配を常微分にて表現している）．

3.2 平衡プロファイル形状と勾配エネルギー係数について

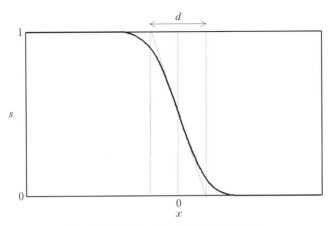

図 3.2 界面プロファイル形状の模式図

ここでは $\Delta f(s)$ の次元を $[J/m^3]$ とすると，ΔF の次元が $[J/m^2]$ となる点に注意すること．$\Delta f(s)$ は化学的自由エネルギー変化量で，$\Delta f(0)=\Delta f(1)=0$ である．$(1/2)\kappa_s(ds/dx)^2$ は勾配エネルギーで，1/2 はテイラー展開計算の慣習上つけた係数である．簡単のため弾性歪エネルギーは省略している．プロファイル形状が平衡形状である場合，変分原理[10]からオイラー方程式[10]

$$\frac{d\Delta f(s)}{ds}-\kappa_s\frac{d^2 s}{dx^2}=0, \qquad \therefore \quad \kappa_s\frac{d^2 s}{dx^2}=\frac{d\Delta f(s)}{ds} \qquad (3\text{-}17)$$

が成立する（問題 3.3 参照）．この両辺に ds/dx をかけ，$x=-\infty$ から $x=x$ まで部分積分を用いて積分すると，$x=-\infty$ で，$[s=1, ds/dx=0, \Delta f(0)=0]$ に注意して，

$$\kappa_s\int_{-\infty}^{x}\frac{ds}{dx}\frac{d^2 s}{dx^2}dx = \int_{-\infty}^{x}\frac{ds}{dx}\frac{d\Delta f(s)}{ds}dx$$

$$\frac{1}{2}\kappa_s\left[\left(\frac{ds}{dx}\right)^2\right]_{-\infty}^{x}=[\Delta f(s)]_{-\infty}^{x}, \qquad \therefore \quad \frac{1}{2}\kappa_s\left(\frac{ds}{dx}\right)^2=\Delta f(s) \qquad (3\text{-}18)$$

が導かれる．これが平衡プロファイル形状の関係式である．ところで，界面エネルギー密度を γ_s とすると，式(3-16)は物理的に

$$\gamma_s=\Delta F=\int_{-\infty}^{\infty}\left\{\Delta f(s)+\frac{1}{2}\kappa_s\left(\frac{ds}{dx}\right)^2\right\}dx$$

であり，これに式(3-18)を代入して，

26   第3章　不均一場における自由エネルギー（1）—勾配エネルギー——

$$\gamma_\mathrm{s} = \Delta F = 2\int_{-\infty}^{\infty} \Delta f(s)dx = \kappa_\mathrm{s} \int_{-\infty}^{\infty} \left(\frac{ds}{dx}\right)^2 dx \tag{3-19}$$

となる（γ_s の次元は $[\mathrm{J/m^2}]$ である）.

　以下，界面の平衡プロファイル形状を表す式を具体的に導いてみよう．まず化学的自由エネルギー変化量 $\Delta f(s)$ を $\Delta f(s) = Wg(s)$ と置く．ここで W は正の定数である．安定な界面が存在するためには，$g(s)$ は $s = \pm 1$ で極小値を取る関数である必要があるので，簡単な場合として $g = s^2(1-s)^2$ と置くと，式(3-17)のオイラー方程式は，

$$\kappa_\mathrm{s} \frac{d^2 s}{dx^2} = W\frac{dg}{ds} = 2Ws(1-s)(1-2s) \tag{3-20}$$

となり，この常微分方程式を解いて平衡プロファイル形状は，

$$s = \frac{1}{2}\left\{1 - \tanh\left(\sqrt{\frac{W}{2\kappa_\mathrm{s}}}\,x\right)\right\} \tag{3-21}$$

にて与えられる．界面プロファイルが平衡形状にある場合，界面における $\Delta f(s)$ と勾配エネルギーは，式(3-18)に示したように理論的に等分配される．$g(s) = s^2(1-s)^2$ の場合，

$$\frac{1}{2}\kappa_\mathrm{s}\left(\frac{ds}{dx}\right)^2 = Ws^2(1-s)^2$$

であるので，界面におけるエネルギーの積分 ΔF（＝界面エネルギー密度 γ_s）は，以上から，

$$\gamma_\mathrm{s} = \Delta F = \int_{-\infty}^{\infty}\left\{\Delta f(s) + \frac{1}{2}\kappa_\mathrm{s}\left(\frac{ds}{dx}\right)^2\right\}dx$$

$$= \int_{-\infty}^{\infty} 2\Delta f(s)dx = 2\int_{-\infty}^{\infty} Wg(s)dx = \frac{1}{3\sqrt{2}}\sqrt{W\kappa_\mathrm{s}} \tag{3-22}$$

となる．例えば界面エネルギー密度 $\gamma_\mathrm{s}[\mathrm{J/m^2}]$ と W の値が得られている場合，この式を用いて，κ_s の値を見積もることができる．さらに界面の幅 d を，図3.2 に示すように界面プロファイルの中心位置に接線を引き，その接線が $s=0$ と $s=1$ に交わる間の長さと定義すると，$d = 2\sqrt{2\kappa_\mathrm{s}/W}$ の関係式が得られる．

3.3 ま と め

　勾配エネルギーについては，種類の異なる秩序変数が混在する場合や勾配エネルギー係数に方位依存性がある場合など様々な表現があり，現在も種々の定式化が提案されている．ただし，ここで説明した定式化は決して特殊な考え方ではなく，秩序変数が空間および時間的に不均一な系の自由エネルギーを取り扱う場合には，必然的に考慮しなくてはならない方法論である．次世代の材料設計では，不均一な状態をいかに有益に活用するかがキーポイントとなるだろう．特にナノおよびメゾスケールではこの傾向が強い．本章で解説した方法論は，このような問題に対して強力な基盤を与える考え方である．

参 考 文 献

[1]　J. Rowlinson : J. Statist. Phys., **20** (1979), 197.

[2]　V. Ginzburg and L. Landau : Zh. Eksp. Teor. Fiz., **20** (1950), 1064 (Collected papers of L. D. Landau, Pergamon, Oxford (1965), 546).

[3]　C. Kittel : Rev. Modern Phys., **21** (1049), 541.

[4]　J. W. Cahn and J. E. Hilliard : J. Chem. Phys., **28** (1958), 258.

[5]　小山敏幸 : 金属, **80** (2010), 92.

[6]　J. E. Hilliard : Phase Transformation, H. I. Aaronson (Ed.), ASM, Metals Park, Ohio (1970), 497.

[7]　榎本正人 : 金属の相変態, 内田老鶴圃 (2000).

[8]　斉藤良行 : 組織形成と拡散方程式, コロナ社 (2000).

[9]　西澤泰二 : ミクロ組織の熱力学, 日本金属学会 (2005).

[10]　篠崎寿夫, 松森徳衛, 吉田正廣 : 工学者のための変文学入門, 現代工学社 (1991).

28　　第３章　不均一場における自由エネルギー（１）─勾配エネルギー─

第３章 問　題

3.1　多変数のテイラー展開の公式は，

$$f(\mathbf{r}) = \sum_{n=0}^{\infty} \frac{1}{n!} [(\mathbf{r}-\mathbf{r}_0) \cdot \nabla]^n f(\mathbf{r}_0)$$

$$= f(\mathbf{r}_0) + [(\mathbf{r}-\mathbf{r}_0) \cdot \nabla] f(\mathbf{r}_0) + \frac{1}{2!} [(\mathbf{r}-\mathbf{r}_0) \cdot \nabla]^2 f(\mathbf{r}_0) + \frac{1}{3!} [(\mathbf{r}-\mathbf{r}_0) \cdot \nabla]^3 f(\mathbf{r}_0) + \cdots$$

にて与えられる．$\mathbf{r} = (x, y, z)$ の場合について式を展開せよ．

3.2　式(3-21)：$s = \frac{1}{2} \left\{ 1 - \tanh \left(\sqrt{\frac{W}{2\kappa_s}} \, x \right) \right\}$ が，式(3-20)を満たすことを確かめよ．

3.3　式(3-16)の汎関数のオイラー方程式が，式(3-17)になることを確認せよ．

解答

3.1　問題内の式を，$\mathbf{r} = (x, y, z)$ の場合について，ベクトル表示からスカラー表示に直すと以下のようになる．

$$f(x, y, z) = f(x_0, y_0, z_0) + \left[(x-x_0) \frac{\partial}{\partial x} + (y-y_0) \frac{\partial}{\partial y} + (z-z_0) \frac{\partial}{\partial z} \right] f(x_0, y_0, z_0)$$

$$+ \frac{1}{2!} \left[(x-x_0) \frac{\partial}{\partial x} + (y-y_0) \frac{\partial}{\partial y} + (z-z_0) \frac{\partial}{\partial z} \right]^2 f(x_0, y_0, z_0)$$

$$+ \frac{1}{3!} \left[(x-x_0) \frac{\partial}{\partial x} + (y-y_0) \frac{\partial}{\partial y} + (z-z_0) \frac{\partial}{\partial z} \right]^3 f(x_0, y_0, z_0) + \cdots$$

ここから先の式の展開は，各自試みられたい．

3.2　$s = \frac{1}{2} \left\{ 1 - \tanh \left(\sqrt{\frac{W}{2\kappa_s}} \, x \right) \right\}$ より，$y = \sqrt{\frac{W}{2\kappa_s}} \, x$ と置いて，

$$s = \frac{1}{2} (1 - \tanh y) = \frac{1}{2} \left(1 - \frac{e^y - e^{-y}}{e^y + e^{-y}} \right)$$

$$\frac{ds}{dy} = -\frac{1}{2} \frac{(e^y + e^{-y})(e^y + e^{-y}) - (e^y - e^{-y})(e^y - e^{-y})}{(e^y + e^{-y})^2} = -\frac{2}{(e^y + e^{-y})^2}$$

$$\frac{dy}{dx} = \sqrt{\frac{W}{2\kappa_s}}$$

$$\frac{ds}{dx} = \frac{ds}{dy}\frac{dy}{dx} = -\frac{2}{(e^y + e^{-y})^2}\sqrt{\frac{W}{2\kappa_s}} = -\frac{1}{(e^y + e^{-y})^2}\sqrt{\frac{2W}{\kappa_s}}$$

$$\therefore \quad \frac{d^2 s}{dx^2} = \left(\frac{d}{dy}\frac{ds}{dx}\right)\frac{dy}{dx} = -\frac{-4(e^y + e^{-y})(e^y - e^{-y})}{(e^y + e^{-y})^4}\frac{W}{2\kappa_s} = \frac{2}{(e^y + e^{-y})^2}\frac{e^y - e^{-y}}{e^y + e^{-y}}\frac{W}{\kappa_s}$$

次に,

$$1 - s = 1 - \frac{1}{2}\left(1 - \frac{e^y - e^{-y}}{e^y + e^{-y}}\right) = \frac{1}{2}\left(1 + \frac{e^y - e^{-y}}{e^y + e^{-y}}\right)$$

$$s(1-s) = \frac{1}{2}\left(1 - \frac{e^y - e^{-y}}{e^y + e^{-y}}\right)\frac{1}{2}\left(1 + \frac{e^y - e^{-y}}{e^y + e^{-y}}\right) = \frac{1}{4}\left(1 - \frac{(e^y - e^{-y})^2}{(e^y + e^{-y})^2}\right)$$

$$= \frac{1}{4}\frac{(e^y + e^{-y})^2 - (e^y - e^{-y})^2}{(e^y + e^{-y})^2} = \frac{1}{(e^y + e^{-y})^2}$$

$$1 - 2s = 1 - \left(1 - \frac{e^y - e^{-y}}{e^y + e^{-y}}\right) = \frac{e^y - e^{-y}}{e^y + e^{-y}}$$

$$\therefore \quad s(1-s)(1-2s) = \frac{1}{(e^y + e^{-y})^2}\frac{e^y - e^{-y}}{e^y + e^{-y}}$$

以上から,

$$\therefore \quad \frac{\kappa_s}{2W}\frac{d^2 s}{dx^2} = s(1-s)(1-2s) \quad \rightarrow \quad \kappa_s \frac{d^2 s}{dx^2} = 2Ws(1-s)(1-2s)$$

となる.

3.3 バネの単振動を記述する通常の解析力学との対応に基づき説明しよう. バネ定数を k およびバネの変位方向を高さ h 方向とすると, バネのポテンシャルエネルギーは $(1/2)kh^2$ である. また質量 m のおもりの運動エネルギーは, 運動速度が dh/dt であるので, $(1/2)m(dh/dt)^2$ である. したがって, ラグランジュアン L は,

$$L\left(h, \frac{dh}{dt}\right) \equiv (\text{運動エネルギー}) - (\text{ポテンシャルエネルギー})$$

$$= \frac{1}{2}m\left(\frac{dh}{dt}\right)^2 - \frac{1}{2}kh^2 \tag{1}$$

であり, この関数の時間積分である汎関数 I は,

$$I = \int_t L dt = \int_t \left\{\frac{1}{2}m\left(\frac{dh}{dt}\right)^2 - \frac{1}{2}kh^2\right\}dt \tag{2}$$

と表現される. 最小作用の原理:$\delta I = 0$ [I の $h \rightarrow h + \delta h$ に伴う変分 δI が極値であること (δh は $t=0$ と $t=t$ で 0 と設定する)] から, オイラー方程式が,

$$\frac{d}{dt}\left(\frac{\partial L}{\partial (dh/dt)}\right) - \frac{\partial L}{\partial h} = 0 \tag{3}$$

と導かれる. 式(1)の L を代入して整理すると, $m(d^2h/dt^2) = -kh$ となり, 単振

30   第3章　不均一場における自由エネルギー（1）―勾配エネルギー――

動における力のつり合い条件が得られる．つまり条件 $\delta I=0$ とニュートンの運動方程式における力のつり合い条件とは等価である．

　さて式(3-16)と式(2)を比較してみよう．式(2)における変数を，$h \to s, t \to x$ のように変換すると，式(3-16)の形式に一致することがわかる．式(3-16)右辺の積分内を

$$L\left(s, \frac{ds}{dx}\right) = \frac{1}{2}\kappa_s\left(\frac{ds}{dx}\right)^2 + \Delta f(s)$$

と置くと，δs の境界条件：$x = \pm\infty$ で $\delta s = 0$ から，オイラー方程式は，

$$\frac{d}{dx}\left(\frac{\partial L}{\partial(ds/dx)}\right) - \frac{\partial L}{\partial s} = 0$$

となり，具体的にこれを計算することにより，式(3-17)が得られる（付録 A1 も参照）．

計算組織学編

第4章

不均一場における自由エネルギー（2）
―弾性歪エネルギー―

　不均一場における自由エネルギーにおいて，もう一つ重要なエネルギーは，長範囲エネルギーである弾性歪エネルギーや磁気（もしくは電気）双極子-双極子相互作用エネルギーなどである．以下では，弾性歪エネルギー（Elastic strain energy）を取り上げ説明する．具体的には整合相分解における弾性歪エネルギーをマイクロメカニクス（Micromechanics）[1-5]に基づき定式化する．マイクロメカニクスを学習する際，理論式の変形に応用数学が多用されるため，式の導出が長く複雑になり，何が既知量で，どの法則を利用して，何を導こうとしているのかが不明確になる場合が多い．しかし，マイクロメカニクスの論理自体は非常に洗練された体系を持っており，やっていることは至極単純である．つまり，アイゲン歪（Eigen strain）（後述）の空間分布が与えられたときに，力学的平衡方程式（力のつり合い方程式）とフックの法則（Hooke's law）を用いて，応力場，歪場，および弾性歪エネルギー場を計算しているにすぎない[1-5]．

　以下では，まず弾性歪エネルギーの理論式について説明し，続いてエシェルビーサイクル（Eshelby cycle）[5,6]を用いて，弾性歪エネルギーの物理的描像を理解する．その後，秩序変数が濃度場のみの場合を例に取り，析出相が薄い板状である特殊な場合について弾性歪エネルギーの計算方法を説明する．最後に析出相が任意形状である一般的な場合に進む．

4.1　弾性歪エネルギーの定式化

　弾性歪エネルギー E_{str} は，弾性歪を ε_{ij}^{el} として，微小歪理論[7]に基づき，

32　第4章　不均一場における自由エネルギー（2）—弾性歪エネルギー——

$$E_{str} = \frac{1}{2} \int_V C_{ijkl} \, \varepsilon_{ij}^{el} \, \varepsilon_{kl}^{el} \, dV \qquad (4\text{-}1)$$

にて表現される．これは ε_{ij}^{el} の値が微小と仮定し，E_{str} を ε_{ij}^{el} の二次項まで展開近似した表記である．C_{ijkl} は弾性定数で，積分は物体全体にわたる体積積分である．なお，アインシュタインの総和規約[7-9]に従い，一つの項内で同一文字の添え字が複数現れたときには和を取るものとする（例：$a_i b_i = a_1 b_1 + a_2 b_2 + a_3 b_3$）．弾性歪エネルギー式は一見複雑に見えるが，考え方は，バネの弾性エネルギー $(1/2)kx^2$ と同じである．つまり弾性定数 C_{ijkl} がバネ定数 k に対応し，弾性歪 ε_{ij}^{el} がバネの変位 x に対応する．

弾性歪 ε_{ij}^{el} は，全歪 ε_{ij}^{c} とアイゲン歪[1-4]ε_{ij}^{0} を用いて，

$$\varepsilon_{ij}^{el} = \varepsilon_{ij}^{c} - \varepsilon_{ij}^{0} \qquad (4\text{-}2)$$

と表現される（ε_{ij}^{c} は拘束歪とも呼ばれる）．アイゲン歪とは，弾性変形以外の格子の変形を記述する歪であり，例えば濃度や温度による格子の膨張収縮歪，結晶変態による格子変形を記述する歪，また塑性歪などである．ε_{ij}^{c} は変形前の状態から変形後の状態へ，どれだけ物体が変形したかを記述する歪である．例えば塑性変形だけが進行しているような場合では，ε_{ij}^{c} は全て塑性歪であり，この場合 ε_{ij}^{0} も塑性歪であるので，両者は相殺し弾性歪はゼロとなる（つまり，実際に物体がアイゲン歪だけ変形しているような場合には，弾性応力は発生しない）．式(4-2)を式(4-1)に代入して整理すると，

$$E_{str} = \frac{1}{2} \int_V C_{ijkl} \, \varepsilon_{ij}^{el} \, \varepsilon_{kl}^{el} \, dV = \frac{1}{2} \int_V C_{ijkl} \, (\varepsilon_{ij}^{c} - \varepsilon_{ij}^{0})(\varepsilon_{kl}^{c} - \varepsilon_{kl}^{0}) \, dV$$

$$= \frac{1}{2} \int_V \sigma_{ij}^{l} \, (\varepsilon_{ij}^{c} - \varepsilon_{ij}^{0}) \, dV = \frac{1}{2} \int_V \sigma_{ij}^{l} \, \varepsilon_{ij}^{c} \, dV - \frac{1}{2} \int_V \sigma_{ij}^{l} \, \varepsilon_{ij}^{0} \, dV \qquad (4\text{-}3)$$

となる．σ_{ij}^{l} は弾性応力で，フックの法則に基づき，

$$\sigma_{ij}^{l} = C_{ijkl} \, \varepsilon_{kl}^{el} = C_{ijkl} \, (\varepsilon_{kl}^{c} - \varepsilon_{kl}^{0}) \qquad (4\text{-}4)$$

と表現される．一般に応力 σ_{ij} は i 軸に垂直な面上で，j 軸に沿った方向に働く力であり，歪 ε_{ij} は i 軸に垂直な面上の，j 軸方向のずれを表すことを思い出そう[7-9]．式(4-3)の右辺第一項をガウスの発散定理：$\int_V f \nabla \cdot \mathbf{g} \, dV = \int_S f \, \mathbf{g} \cdot \mathbf{n} \, dS$ $- \int_V \nabla f \cdot \mathbf{g} \, dV$（問題 1.1 参照）を用いて変形すると，$f = \sigma_{ij}^{l}$ および $\nabla \cdot \mathbf{g} = \varepsilon_{ij}^{c}$

と置いて，

$$\frac{1}{2}\int_V \sigma_{ij}^{\mathrm{I}}\,\varepsilon_{ij}^{\mathrm{c}}\,dV = \frac{1}{2}\int_S \sigma_{ij}^{\mathrm{I}}\,u_i\,n_j\,dS - \frac{1}{2}\int_V \sigma_{ij,j}^{\mathrm{I}}\,u_i\,dV \tag{4-5}$$

を得る．u_i は変位ベクトルで，微小歪理論に基づき，

$$\varepsilon_{ij}^{\mathrm{c}} = \frac{1}{2}\left(\frac{\partial u_j}{\partial x_i} + \frac{\partial u_i}{\partial x_j}\right) \tag{4-6}$$

にて与えられる[7-9]．また物体の回転は考慮していないので，回転モーメントがゼロの条件から $\sigma_{ij}^{\mathrm{I}}=\sigma_{ji}^{\mathrm{I}}$ である．なお $\sigma_{ij,j}^{\mathrm{I}}$ の添え字のコンマは空間微分を表し[1-4]，

$$\sigma_{ij,j}^{\mathrm{I}} = \frac{\partial \sigma_{i1}^{\mathrm{I}}}{\partial x_1} + \frac{\partial \sigma_{i2}^{\mathrm{I}}}{\partial x_2} + \frac{\partial \sigma_{i3}^{\mathrm{I}}}{\partial x_3}$$

である（(x_1, x_2, x_3) は (x, y, z) である）．

さてここで力学的平衡方程式：$\sigma_{ij,j}^{\mathrm{I}}=0$（重力などの物体そのものに作用する体積力を考慮していない表現）と，物体表面における力のつり合い：$\sigma_{ij}^{\mathrm{I}}\,n_j=0$（物体表面に作用する圧力などの外力はゼロと仮定）を用いると，式(4-5)の右辺は全てゼロとなり，したがって，式(4-3)の最後の式の右辺第一項は消え，E_{str} は

$$E_{\mathrm{str}} = -\frac{1}{2}\int_V \sigma_{ij}^{\mathrm{I}}\,\varepsilon_{ij}^{0}\,dV \tag{4-7}$$

となる（右辺にマイナスがついているが $E_{\mathrm{str}} \geq 0$ である点に注意）．

次にこの式に，式(4-4)を代入して，

$$E_{\mathrm{str}} = \frac{1}{2}\int_V C_{ijkl}\,\varepsilon_{ij}^{0}\,\varepsilon_{kl}^{0}\,dV - \frac{1}{2}\int_V C_{ijkl}\,\varepsilon_{kl}^{\mathrm{c}}\,\varepsilon_{ij}^{0}\,dV \tag{4-8}$$

と表現し，この式の物理的描像について，エシェルビーサイクルを用いて考えてみよう．

4.2　エシェルビーサイクル

物理的描像を明確にするために，具体的に γ 相内に α 相がマルテンサイト変態[10]によって形成される場合を想定する（$\gamma\rightarrow\alpha$ 変態によって，格子が膨張すると仮定する）．この場合のアイゲン歪 ε_{ij}^{0} は，$\gamma\rightarrow\alpha$ の結晶変態における格

子定数の変化を記述する歪となる．**図 4.1** がエシェルビーサイクルの説明図である．求めたい量は，$\gamma \rightarrow \alpha$ 変態が生じて γ 相母相内に α 相が存在している状況下で，材料内に蓄えられている弾性歪エネルギー E_{str} である．

まず初期状態は γ 単相状態（a）である．この状態から中央の部分を切り出す（b）．この切り出した領域がマルテンサイト変態によって α 相に変化する（c）．α 相に変態することによって，格子が膨張すると仮定したので，図のように α 相のサイズは切り出した γ 相よりも大きくなる．さらにこの場合，切り出した状態でのマルテンサイト変態であるので，α 相の周囲に拘束はない．この状態での歪 ε_{ij}^0 が純粋に結晶変態を記述する歪であるアイゲン歪に相当する．次にこの変態した α 相に外力を加えてアイゲン歪 ε_{ij}^0 分だけ逆に変形させ，元の γ 相のサイズに戻す（d）．この変形に要する弾性歪エネルギーを E_1 とすると，E_1 は，

$$E_1 = \frac{1}{2} \int_V C_{ijkl}\, \varepsilon_{ij}^0\, \varepsilon_{kl}^0\, dV \qquad (4\text{-}9)$$

にて与えられ，式(4-8)右辺の第一項に一致する．なお積分は系全体の体積に

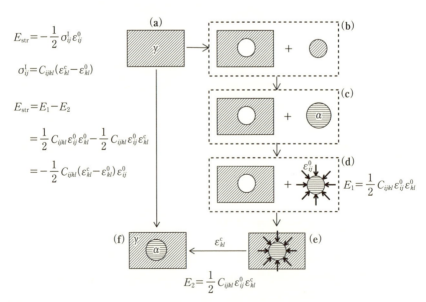

図 4.1 エシェルビーサイクルの説明図（積分記号は省略しているので注意）．

わたる積分である点に注意すること（切り出した部分以外では $\varepsilon_{ij}^0=0$ であるため）．

さて説明を続けよう．図（d）の応力のかかった状態を維持しながら γ 相の切り出した穴に α 相を入れる（e）．最後にかけていた外力を取り去る（f）．外力を取り去ったので，α 相は図（c）のサイズに向かって膨張しようとするが，今度は周囲に γ 相が存在するので，（c）のサイズまでは膨張できずに途中で止まる．このときの α 相が γ 相へなした歪が全歪（拘束歪）$\varepsilon_{ij}^{\mathrm{c}}$ である．このときの仕事 E_2 は，式(4-8)との対応から，

$$E_2=\int_V \frac{1}{2}C_{ijkl}\,\varepsilon_{ij}^0\,\varepsilon_{kl}^{\mathrm{c}}\,dV \tag{4-10}$$

とならなくてはならない．結局，最終的に材料に蓄えられている弾性歪エネルギー E_{str} は，E_1 だけ拘束して E_2 だけ緩和した後の残量であるので，

$$E_{\mathrm{str}}=E_1-E_2=\int_V \frac{1}{2}C_{ijkl}\,\varepsilon_{ij}^0\,\varepsilon_{kl}^0\,dV-\int_V \frac{1}{2}C_{ijkl}\,\varepsilon_{ij}^0\,\varepsilon_{kl}^{\mathrm{c}}\,dV=-\frac{1}{2}\int_V \sigma_{ij}^1\,\varepsilon_{ij}^0\,dV$$

$$\tag{4-11}$$

と与えられることになる（E_2 の物理的意味に関する詳細は付録 A2 を参照）．

図 4.1 ではマルテンサイト変態を想定したが，拡散相分解の整合析出[10]における弾性歪エネルギーについても同様の式となる．つまり整合における拡散相分解では，図 4.1 の状態は析出相の格子定数が母相よりも大きい場合に対応している．なお拡散相変態で，界面が非整合[10]である場合には，拡散によって図 4.1（c）の母相の穴自体を大きくすることにより弾性歪エネルギーは緩和される．

4.3 スピノーダル分解理論における弾性歪エネルギー

ここではカーン（J. W. Cahn）のスピノーダル分解理論[11]にて用いられている弾性歪エネルギーにおける弾性定数の関数 $Y_{<hkl>}$（式(4-22)参照）を，斜方晶について導出してみよう．整合析出物の形状を，(hkl) 面上に乗った非常に薄い板形状と仮定し，結晶構造は斜方晶とする．アイゲン歪場は純膨張・収縮（Pure dilatation）とし，アイゲン歪の値を ε_{ij}^0 と置く．以上の仮定から，ア

36 第4章 不均一場における自由エネルギー(2)―弾性歪エネルギー―

イゲン歪テンソルは以下のように与えられる.

$$\varepsilon_{ij}^0 = \begin{pmatrix} \varepsilon & 0 & 0 \\ 0 & \varepsilon & 0 \\ 0 & 0 & \varepsilon \end{pmatrix} = \delta_{ij}\,\varepsilon \tag{4-12}$$

δ_{ij} はクロネッカーのデルタで,$i=j$ のとき $\delta_{ij}=1$,および $i \neq j$ のとき $\delta_{ij}=0$ である.ε は濃度 c(A-B 二元系を想定し,B 成分の濃度)の関数で,格子定数が濃度に比例するベガード則(Vegard's law)[10]が成立する場合,$\varepsilon=\eta(c-c_0)$ にて与えられる.η は格子ミスマッチ(Lattice mismatch)(式(4-26)参照)で,c_0 は合金の平均濃度である.本来,アイゲン歪の基準は純物質の格子定数が基準であるが,ここでは基準を組成 c_0 の固溶体にずらしている.これは,物体全体の応力の総和がゼロとなる制約によるものである(つまり組成 c_0 の固溶体を歪の基準に取ることによって,全応力の積分が自動的にゼロになる)[12].弾性定数 C_{ijkl} については,斜方晶を想定すると以下の最後の行列で表される(最後の行列の右辺は,応力と歪を簡約表記した場合[7, 12]).なお以下の解析において,適宜,両表記を用いる.

$$(C_{ijkl}) = \begin{pmatrix} C_{1111} & C_{1122} & C_{1133} & C_{1123} & C_{1131} & C_{1112} \\ C_{2211} & C_{2222} & C_{2233} & C_{2223} & C_{2231} & C_{2212} \\ C_{3311} & C_{3322} & C_{3333} & C_{3323} & C_{3331} & C_{3312} \\ C_{2311} & C_{2322} & C_{2333} & C_{2323} & C_{2331} & C_{2312} \\ C_{3111} & C_{3122} & C_{3133} & C_{3123} & C_{3131} & C_{3112} \\ C_{1211} & C_{1222} & C_{1233} & C_{1223} & C_{1231} & C_{1212} \end{pmatrix}$$

$$\Rightarrow \begin{pmatrix} C_{1111} & C_{1122} & C_{1133} & 0 & 0 & 0 \\ C_{1122} & C_{2222} & C_{2233} & 0 & 0 & 0 \\ C_{1133} & C_{2233} & C_{3333} & 0 & 0 & 0 \\ 0 & 0 & 0 & C_{2323} & 0 & 0 \\ 0 & 0 & 0 & 0 & C_{3131} & 0 \\ 0 & 0 & 0 & 0 & 0 & C_{1212} \end{pmatrix} = \begin{pmatrix} C_{11} & C_{12} & C_{13} & 0 & 0 & 0 \\ C_{12} & C_{22} & C_{23} & 0 & 0 & 0 \\ C_{13} & C_{23} & C_{33} & 0 & 0 & 0 \\ 0 & 0 & 0 & C_{44} & 0 & 0 \\ 0 & 0 & 0 & 0 & C_{55} & 0 \\ 0 & 0 & 0 & 0 & 0 & C_{66} \end{pmatrix}$$

$$\tag{4-13}$$

フックの法則 $\sigma_{ij}=C_{ijkl}\,\varepsilon_{kl}$ との対応は,

$$\begin{pmatrix} \sigma_{11} \\ \sigma_{22} \\ \sigma_{33} \\ \sigma_{23} \\ \sigma_{31} \\ \sigma_{12} \end{pmatrix} = \begin{pmatrix} C_{1111} & C_{1122} & C_{1133} & 0 & 0 & 0 \\ C_{1122} & C_{2222} & C_{2233} & 0 & 0 & 0 \\ C_{1133} & C_{2233} & C_{3333} & 0 & 0 & 0 \\ 0 & 0 & 0 & C_{2323} & 0 & 0 \\ 0 & 0 & 0 & 0 & C_{3131} & 0 \\ 0 & 0 & 0 & 0 & 0 & C_{1212} \end{pmatrix} \begin{pmatrix} \varepsilon_{11} \\ \varepsilon_{22} \\ \varepsilon_{33} \\ 2\varepsilon_{23} \\ 2\varepsilon_{31} \\ 2\varepsilon_{12} \end{pmatrix} \quad (4\text{-}14)$$

となる．回転モーメントがゼロである点，および弾性歪エネルギーの記述において弾性歪が状態量であることから，$C_{ijkl}=C_{ijlk}=C_{jikl}=C_{klij}$ が成立する[12]．この関係によって C_{ijkl} の独立な成分は 21 個であるが，斜方晶ではさらに対称性が増し，独立な成分は，式(4-13)の 9 個となる[12]．

さて，先の場合と同様，エシェルビーサイクルの考え方に基づき**図 4.2** を用いて弾性歪エネルギーを計算しよう（なお図 4.2 ではわかりやすいように板状析出物をかなり厚く表現しているが，厚さは無視できるほど薄いと仮定する）．また簡単のため母相と析出相で弾性率は等しいとする．（A）の状態は相分離前の固溶体で，（B）は（A）より，これから析出相となる板状部分を切

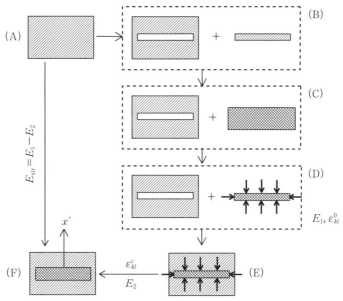

図 4.2 エシェルビーサイクルの説明図（板状析出物の場合）．

38 第4章 不均一場における自由エネルギー（2）―弾性歪エネルギー―

り抜いた状態である（図には板状析出物の断面を合わせて表示している）．
（C）は相分離が生じて板状析出相の格子定数が大きくなり（格子定数は濃度
の関数で，析出相の格子定数の方が母相の格子定数よりも大きいとする），析
出相全体が膨張した状態を示している．このときの歪がアイゲン歪 ε_{ij}^0 である．
特にこの場合は純膨張になるので，アイゲン歪テンソルは，式(4-12)のように
$\varepsilon_{ij}^0 = \delta_{ij}\varepsilon$ と表現される．（D）は析出相に外から外力をかけてアイゲン歪分だ
け弾性収縮させて元のサイズにもどす操作である．これに要する析出物単位体
積当たりの弾性歪エネルギー E_1（式(4-9)参照）は，式(4-12)と式(4-13)より
以下のように計算される．なお添え字に関して総和規約を採用している．

$$
\begin{aligned}
E_1 &= \frac{1}{2}C_{ijkl}\,\varepsilon_{ij}^0\,\varepsilon_{kl}^0 = \frac{1}{2}C_{1111}\,\varepsilon_{11}^0\,\varepsilon_{11}^0 + \frac{1}{2}C_{1122}\,\varepsilon_{11}^0\,\varepsilon_{22}^0 + \frac{1}{2}C_{1133}\,\varepsilon_{11}^0\,\varepsilon_{33}^0 \\
&\quad + \frac{1}{2}C_{2211}\,\varepsilon_{22}^0\,\varepsilon_{11}^0 + \frac{1}{2}C_{2222}\,\varepsilon_{22}^0\,\varepsilon_{22}^0 + \frac{1}{2}C_{2233}\,\varepsilon_{22}^0\,\varepsilon_{33}^0 \\
&\quad + \frac{1}{2}C_{3311}\,\varepsilon_{33}^0\,\varepsilon_{11}^0 + \frac{1}{2}C_{3322}\,\varepsilon_{33}^0\,\varepsilon_{22}^0 + \frac{1}{2}C_{3333}\,\varepsilon_{33}^0\,\varepsilon_{33}^0 \\
&= \frac{1}{2}(C_{11}+C_{22}+C_{33}+2C_{12}+2C_{13}+2C_{23})\varepsilon^2 \qquad (4\text{-}15)
\end{aligned}
$$

（D）の状態の析出物を左の母相にもどした状態が（E）である．いま非常に
薄い板状析出物を想定しているので，（E）の状態から矢印で示した外力を取
り去ると，板面に垂直方向にのみ応力の緩和が生じる（非常に薄い板状析出物
を考えているので，板面は母相に完全に拘束され，析出相の面内の格子定数は
母相の格子定数に完全に一致する[1-3]）．この緩和後の状態を表した図が（F）
である．板面に垂直方向を x' 方向（（F）参照）とし，その方向を表すミラー
指数を $<hkl>$ としよう（(hkl) 面は板状析出物の板面）．また x' 方向に垂直
な二方向（つまり板面内）を y' および z' とし，$x'y'z'$ 座標系における弾性定数
と応力をそれぞれ C'_{ij} および σ'_{ij} とする．完全拘束状態（E）における応力を
σ_{ij}^0 とすると，

$$
\begin{aligned}
\sigma_{ij}^0 &= C_{ijkl}\,\varepsilon_{kl}^0 = (C_{ij11}+C_{ij22}+C_{ij33})\varepsilon, \\
\sigma_{11}^0 &= (C_{1111}+C_{1122}+C_{1133})\varepsilon = (C_{11}+C_{12}+C_{13})\varepsilon, \\
\sigma_{22}^0 &= (C_{2211}+C_{2222}+C_{2233})\varepsilon = (C_{12}+C_{22}+C_{23})\varepsilon, \\
\sigma_{33}^0 &= (C_{3311}+C_{3322}+C_{3333})\varepsilon = (C_{13}+C_{23}+C_{33})\varepsilon,
\end{aligned}
$$

4.3 スピノーダル分解理論における弾性歪エネルギー 39

$$\sigma_{12}^0 = \sigma_{13}^0 = \sigma_{23}^0 = 0$$

にて与えられる．(xyz) および $(x'y'z')$ 両座標間の方向余弦を l_{ip} とすると，応力テンソルにおける座標変換の公式 $\sigma_{ij}^{0'} = l_{ip} l_{jq} \sigma_{pq}^0$ $(i, j = (x', y', z')$ 軸，$p, q = (x, y, z)$ 軸)[13] を用いて，

$$\sigma_{11}^{0'} = l_{1p} l_{1q} \sigma_{pq}^0 = l_{11} l_{11} \sigma_{11}^0 + l_{12} l_{12} \sigma_{22}^0 + l_{13} l_{13} \sigma_{33}^0 = n_1^2 \sigma_{11}^0 + n_2^2 \sigma_{22}^0 + n_3^2 \sigma_{33}^0$$

を得る．ここで $l_{11} \equiv n_1$，$l_{12} \equiv n_2$，$l_{13} \equiv n_3$ と置いた．(n_1, n_2, n_3) は (hkl) 面の法線ベクトルである．これより x' 方向への応力 $\sigma_{11}^{0'}$ は次式にて与えられる．

$$\sigma_{11}^{0'} = n_1^2 \sigma_{11}^0 + n_2^2 \sigma_{22}^0 + n_3^2 \sigma_{33}^0$$

$$= \varepsilon \{ n_1^2 (C_{11} + C_{12} + C_{13}) + n_2^2 (C_{12} + C_{22} + C_{23}) + n_3^2 (C_{13} + C_{23} + C_{33}) \} \quad (4\text{-}16)$$

ここで，力学的平衡方程式が成立し，かつ物体表面に作用している面力が存在しない場合を想定すると，先に説明したように，式(4-5)=0 となり，

$$\frac{1}{2} \int_V \sigma_{ij}^1 \varepsilon_{ij}^c \, dV = 0 \quad \rightarrow \quad \therefore \quad \int_V C_{ijkl} \varepsilon_{kl}^c \varepsilon_{ij}^c \, dV = \int_V C_{ijkl} \varepsilon_{kl}^0 \varepsilon_{ij}^c \, dV = \int_V \sigma_{ij}^0 \varepsilon_{ij}^c \, dV$$

が得られる．この式を $(x'y'z')$ 座標系で記述すると，

$$\int_V C_{ijkl}' \varepsilon_{kl}^{c'} \varepsilon_{ij}^{c'} \, dV = \int_V \sigma_{ij}^{0'} \varepsilon_{ij}^{c'} \, dV$$

である（エネルギーはスカラー量であるので，座標変換によってエネルギー値は変化しない）．ここでは，$(x'y'z')$ 座標系で x' 方向のみ緩和する場合を考えているので，$\varepsilon_{ij}^{c'}$ は $\varepsilon_{11}^{c'}$ のみ値を持ち，他の $\varepsilon_{ij}^{c'}$ はゼロである．したがって，式(4-16)を考慮して，

$$\int_V C_{ijkl}' \varepsilon_{kl}^{c'} \varepsilon_{ij}^{c'} \, dV = \int_V \sigma_{ij}^{0'} \varepsilon_{ij}^{c'} \, dV,$$

$$\int_V C_{1111}' \varepsilon_{11}^{c'} \varepsilon_{11}^{c'} \, dV = \int_V \sigma_{11}^{0'} \varepsilon_{11}^{c'} \, dV \quad \rightarrow \quad C_{1111}' \varepsilon_{11}^{c'} = \sigma_{11}^{0'},$$

$$\therefore \quad \varepsilon_{11}^{c'} = \frac{\sigma_{11}^{0'}}{C_{1111}'} = \frac{\sigma_{11}^{0'}}{C_{11}'}$$

$$= \frac{\varepsilon \{ n_1^2 (C_{11} + C_{12} + C_{13}) + n_2^2 (C_{12} + C_{22} + C_{23}) + n_3^2 (C_{13} + C_{23} + C_{33}) \}}{C_{11}'}$$

$$(4\text{-}17)$$

が得られる．これより $\varepsilon_{11}^{c'}$ による，析出物単位体積当たりの弾性歪エネルギーの緩和量 E_2（式(4-10)参照）は次式にて与えられる．

40   第4章　不均一場における自由エネルギー（2）─弾性歪エネルギー─

$$E_2 = \frac{1}{2}\sigma_{11}^{0'}\varepsilon_{11}^{c'}$$

$$= \frac{1}{2}\varepsilon^2 \frac{\{n_1^2(C_{11}+C_{12}+C_{13}) + n_2^2(C_{12}+C_{22}+C_{23}) + n_3^2(C_{13}+C_{23}+C_{33})\}^2}{C_{11}'}$$

(4-18)

結局，初め E_1 分だけエネルギー的に拘束し，その後 E_2 分だけエネルギー緩和したのであるから，（F）状態において，まだ析出物に蓄えられているエネルギーは (E_1-E_2) であり，これが析出相の弾性歪エネルギーとなる．したがって，式(4-15)と式(4-18)から弾性歪エネルギー密度 e_{str} は次式にて与えられる．

$$e_{str} = E_1 - E_2$$

$$= \frac{1}{2}(C_{11}+C_{22}+C_{33}+2C_{12}+2C_{13}+2C_{23})\varepsilon^2$$

$$\quad - \frac{1}{2}\varepsilon^2 \frac{\{n_1^2(C_{11}+C_{12}+C_{13}) + n_2^2(C_{12}+C_{22}+C_{23}) + n_3^2(C_{13}+C_{23}+C_{33})\}^2}{C_{11}'}$$

$$= \frac{1}{2}\varepsilon^2 \left[\begin{array}{l} (C_{11}+C_{22}+C_{33}+2C_{12}+2C_{13}+2C_{23}) \\ - \dfrac{\{n_1^2(C_{11}+C_{12}+C_{13}) + n_2^2(C_{12}+C_{22}+C_{23}) + n_3^2(C_{13}+C_{23}+C_{33})\}^2}{C_{11}'} \end{array} \right]$$

(4-19)

ここで，C_{11}' を $C_{11}, C_{22}, C_{33}, C_{44}, C_{55}, C_{66}, C_{12}, C_{13}, C_{23}$ を用いて書き直そう．座標変換の公式 $C_{ijkl}' = l_{ip}l_{jq}l_{km}l_{ln}C_{pqmn}$[13]を用いて，

$$C_{11}' = C_{1111}' = l_{1p}l_{1q}l_{1m}l_{1n}C_{pqmn}$$

$$= n_1^4 C_{11} + n_2^4 C_{22} + n_3^4 C_{33} + 2(n_1^2 n_2^2 C_{12} + n_1^2 n_3^2 C_{13} + n_2^2 n_3^2 C_{23})$$

$$\quad + 4(n_1^2 n_2^2 C_{66} + n_1^2 n_3^2 C_{55} + n_2^2 n_3^2 C_{44})$$

を得る．これを式(4-19)に代入して最終的に弾性歪エネルギー密度として次式を得る．

$$e_{str} = \frac{1}{2}\varepsilon^2 \left[\begin{array}{l} C_{11}+C_{22}+C_{33}+2(C_{12}+C_{13}+C_{23}) \\ - \dfrac{\{n_1^2(C_{11}+C_{12}+C_{13}) + n_2^2(C_{12}+C_{22}+C_{23}) + n_3^2(C_{13}+C_{23}+C_{33})\}^2}{\left\{ \begin{array}{l} n_1^4 C_{11} + n_2^4 C_{22} + n_3^4 C_{33} + 2(n_1^2 n_2^2 C_{12} + n_1^2 n_3^2 C_{13} + n_2^2 n_3^2 C_{23}) \\ + 4(n_1^2 n_2^2 C_{66} + n_1^2 n_3^2 C_{55} + n_2^2 n_3^2 C_{44}) \end{array} \right\}} \end{array} \right]$$

(4-20)

また ε はベガード則が仮定できる場合には，$\varepsilon = \eta(c - c_0)$ と表現できるので（式(4-55)参照），結局，系全体の弾性歪エネルギーは，

$$E_{\mathrm{str}} = \int_V e_{\mathrm{str}}\, dV = \int_V \eta^2 Y_{<hkl>}(c - c_0)^2 dV \tag{4-21}$$

にて与えられる．ここで $Y_{<hkl>}$ は

$$Y_{<hkl>} \equiv \frac{1}{2}\left[\begin{array}{l} C_{11} + C_{22} + C_{33} + 2(C_{12} + C_{13} + C_{23}) \\[4pt] -\dfrac{\{n_1^2(C_{11}+C_{12}+C_{13}) + n_2^2(C_{12}+C_{22}+C_{23}) + n_3^2(C_{13}+C_{23}+C_{33})\}^2}{\left\{\begin{array}{l} n_1^4 C_{11} + n_2^4 C_{22} + n_3^4 C_{33} + 2(n_1^2 n_2^2 C_{12} + n_1^2 n_3^2 C_{13} + n_2^2 n_3^2 C_{23}) \\ + 4(n_1^2 n_2^2 C_{66} + n_1^2 n_3^2 C_{55} + n_2^2 n_3^2 C_{44}) \end{array}\right\}} \end{array}\right]$$

$$\tag{4-22}$$

と定義される弾性率の関数である（式(4-20)右辺の係数の（1/2）も含まれている点に注意すること）．

　以上は斜方晶系における定式化であるが，等方体，立方晶，正方晶，および六方晶への変換は弾性定数マトリックスを

等方体

$$\begin{pmatrix} C_{11} & C_{12} & C_{13} & 0 & 0 & 0 \\ C_{12} & C_{22} & C_{23} & 0 & 0 & 0 \\ C_{13} & C_{23} & C_{33} & 0 & 0 & 0 \\ 0 & 0 & 0 & C_{44} & 0 & 0 \\ 0 & 0 & 0 & 0 & C_{55} & 0 \\ 0 & 0 & 0 & 0 & 0 & C_{66} \end{pmatrix} \Rightarrow \begin{pmatrix} \lambda+2\mu & \lambda & \lambda & 0 & 0 & 0 \\ \lambda & \lambda+2\mu & \lambda & 0 & 0 & 0 \\ \lambda & \lambda & \lambda+2\mu & 0 & 0 & 0 \\ 0 & 0 & 0 & \mu & 0 & 0 \\ 0 & 0 & 0 & 0 & \mu & 0 \\ 0 & 0 & 0 & 0 & 0 & \mu \end{pmatrix}$$

立方晶

$$\begin{pmatrix} C_{11} & C_{12} & C_{13} & 0 & 0 & 0 \\ C_{12} & C_{22} & C_{23} & 0 & 0 & 0 \\ C_{13} & C_{23} & C_{33} & 0 & 0 & 0 \\ 0 & 0 & 0 & C_{44} & 0 & 0 \\ 0 & 0 & 0 & 0 & C_{55} & 0 \\ 0 & 0 & 0 & 0 & 0 & C_{66} \end{pmatrix} \Rightarrow \begin{pmatrix} C_{11} & C_{12} & C_{12} & 0 & 0 & 0 \\ C_{12} & C_{11} & C_{12} & 0 & 0 & 0 \\ C_{12} & C_{12} & C_{11} & 0 & 0 & 0 \\ 0 & 0 & 0 & C_{44} & 0 & 0 \\ 0 & 0 & 0 & 0 & C_{44} & 0 \\ 0 & 0 & 0 & 0 & 0 & C_{44} \end{pmatrix}$$

42　第４章　不均一場における自由エネルギー（２）―弾性歪エネルギー――

正方晶

$$\begin{pmatrix} C_{11} & C_{12} & C_{13} & 0 & 0 & 0 \\ C_{12} & C_{22} & C_{23} & 0 & 0 & 0 \\ C_{13} & C_{23} & C_{33} & 0 & 0 & 0 \\ 0 & 0 & 0 & C_{44} & 0 & 0 \\ 0 & 0 & 0 & 0 & C_{55} & 0 \\ 0 & 0 & 0 & 0 & 0 & C_{66} \end{pmatrix} \Rightarrow \begin{pmatrix} C_{11} & C_{12} & C_{13} & 0 & 0 & 0 \\ C_{12} & C_{11} & C_{13} & 0 & 0 & 0 \\ C_{13} & C_{13} & C_{33} & 0 & 0 & 0 \\ 0 & 0 & 0 & C_{44} & 0 & 0 \\ 0 & 0 & 0 & 0 & C_{44} & 0 \\ 0 & 0 & 0 & 0 & 0 & C_{66} \end{pmatrix}$$

六方晶

$$\begin{pmatrix} C_{11} & C_{12} & C_{13} & 0 & 0 & 0 \\ C_{12} & C_{22} & C_{23} & 0 & 0 & 0 \\ C_{13} & C_{23} & C_{33} & 0 & 0 & 0 \\ 0 & 0 & 0 & C_{44} & 0 & 0 \\ 0 & 0 & 0 & 0 & C_{55} & 0 \\ 0 & 0 & 0 & 0 & 0 & C_{66} \end{pmatrix} \Rightarrow \begin{pmatrix} C_{11} & C_{12} & C_{13} & 0 & 0 & 0 \\ C_{12} & C_{11} & C_{13} & 0 & 0 & 0 \\ C_{13} & C_{13} & C_{33} & 0 & 0 & 0 \\ 0 & 0 & 0 & C_{44} & 0 & 0 \\ 0 & 0 & 0 & 0 & C_{44} & 0 \\ 0 & 0 & 0 & 0 & 0 & \dfrac{C_{11}-C_{12}}{2} \end{pmatrix}$$

とすればよい（正方晶と六方晶については，z 方向を c 軸としている）．特に等方体では，式(4-13)にある９個の弾性定数（斜方晶）は，ラーメの定数と呼ばれる二つの定数 λ と μ に帰すことができる（等方体では，C_{11}, C_{12} および C_{44} の間に $C_{11}-C_{12}=2C_{44}$ なる関係が成立する）．また $C_{ijkl}=C_{ijlk}=C_{jikl}=C_{klij}$ を考慮すると，C_{ijkl} 表示とラーメの定数の関係は，等方体の場合，

$$C_{ijkl}=\lambda\delta_{ij}\,\delta_{kl}+\mu(\delta_{ik}\,\delta_{jl}+\delta_{il}\,\delta_{jk}) \tag{4-23}$$

と簡潔に表すことができ[1]，この式は式(7-9)の導出（付録 A4 参照）の際に使用される．

　上に示した弾性定数マトリックスを用いて，式(4-22)を立方晶について書き下すと，

$$Y_{<hkl>}=\frac{(C_{11}+2C_{12})}{2}\left[3-\frac{C_{11}+2C_{12}}{C_{11}+2(2C_{44}-C_{11}+C_{12})(n_1^2n_2^2+n_1^2n_3^2+n_2^2n_3^2)}\right]$$

$$\tag{4-24}$$

となり，従来の結果に一致する[11]．なおここで

$$n_1^4+n_2^4+n_3^4=(n_1^2+n_2^2+n_3^2)^2-2(n_1^2n_2^2+n_2^2n_3^2+n_3^2n_1^2)=1-2(n_1^2n_2^2+n_2^2n_3^2+n_3^2n_1^2)$$

を用いた．また (n_1, n_2, n_3) はミラー指数 (h, k, l) を用いて，

$$n_1 = \frac{h}{\sqrt{h^2+k^2+l^2}}, \quad n_2 = \frac{k}{\sqrt{h^2+k^2+l^2}}, \quad n_3 = \frac{l}{\sqrt{h^2+k^2+l^2}}$$

$$\therefore \quad n_1^2 n_2^2 + n_2^2 n_3^2 + n_3^2 n_1^2 = \frac{h^2 k^2 + k^2 l^2 + l^2 h^2}{(h^2+k^2+l^2)^2}$$

と表されるので，特に $<hkl>\,=\,<100>$ および $<hkl>\,=\,<111>$ では，それぞれ

$$Y_{<100>} = \frac{(C_{11}+2C_{12})(C_{11}-C_{12})}{C_{11}}, \quad Y_{<111>} = \frac{6C_{44}(C_{11}+2C_{12})}{C_{11}+2C_{12}+4C_{44}}$$

と計算される．また式(4-24)において，[ ]内の分母にある $(2C_{44}-C_{11}+C_{12})$ の正負によって，弾性的にソフトな方向（$Y_{<hkl>}$ が最小となる方向）が変化する．$(2C_{44}-C_{11}+C_{12})>0$ では $<100>$ 方向がソフトとなり，$(2C_{44}-C_{11}+C_{12})<0$ では $<111>$ 方向がソフトとなる．これを反映して立方晶における弾性異方性パラメーター A は通常，$A \equiv 2C_{44}/(C_{11}-C_{12})$ にて定義される[14]．通常の金属材料では $C_{11}>C_{12}$ であるので（等方体の場合 $C_{11}-C_{12}=2\mu>0$ である），$A>1$ が $(2C_{44}-C_{11}+C_{12})>0$ に，$A<1$ が $(2C_{44}-C_{11}+C_{12})<0$ に対応する．また等方体では $C_{11}-C_{12}=2C_{44}$ であるので $A=1$ である．

六方晶では $Y_{<hkl>}$ を $Y_{<hkil>}$ と書き直し，

$$Y_{<hkil>} = \frac{1}{2}\left[\begin{array}{l} C_{11}+C_{22}+C_{33}+2(C_{12}+C_{13}+C_{23}) \\ -\dfrac{\{n_1^2(C_{11}+C_{12}+C_{13})+n_2^2(C_{12}+C_{22}+C_{23})+n_3^2(C_{13}+C_{23}+C_{33})\}^2}{\left\{\begin{array}{l} n_1^4 C_{11}+n_2^4 C_{22}+n_3^4 C_{33}+2(n_1^2 n_2^2 C_{12}+n_1^2 n_3^2 C_{13}+n_2^2 n_3^2 C_{23}) \\ +4(n_1^2 n_2^2 C_{66}+n_1^2 n_3^2 C_{55}+n_2^2 n_3^2 C_{44}) \end{array}\right\}} \end{array} \right]$$

を得る．六方晶で c 軸に垂直な面（最密面）は $<hkil>\,=\,<0001>$ で，$(n_1, n_2, n_3)=(0,0,1)$ である．したがって，

$$Y_{<0001>} = \frac{1}{2}\left[C_{11}+C_{22}+C_{33}+2(C_{12}+C_{13}+C_{23})-\frac{(C_{13}+C_{23}+C_{33})^2}{C_{33}} \right]$$

となる．六方晶で a 軸に垂直な面は $<hkil>\,=\,<2\bar{1}\bar{1}0>$ で，$(n_1, n_2, n_3)=(1,0,0)$ であるので，

$$Y_{<2\bar{1}\bar{1}0>} = \frac{1}{2}\left[C_{11}+C_{22}+C_{33}+2(C_{12}+C_{13}+C_{23})-\frac{(C_{11}+C_{12}+C_{13})^2}{C_{11}} \right]$$

となる（n_i は斜方晶における直交座標系での単位ベクトルである点に注意）．

さて以上から，カーン（J. W. Cahn）のスピノーダル分解理論（6 章参照）

にて用いられている弾性歪エネルギーにおいて，非常に大きな仮定がなされていることがわかる．すなわちこの弾性歪エネルギーは，非常に薄い板状析出物以外には厳密には適用できない．またスピノーダル分解における変調構造[14]のように，板状析出相が周期的に配列している場合であっても，以上の定式化においては析出相間の弾性相互作用が考慮されていないために，やはり厳密ではない．式(4-21)のように弾性歪エネルギーが簡潔な式で陽に与えられるので，定性的な考察を行うには非常に有用であるが，実際の材料の相分解に伴う弾性場について定量的な議論が必要である場合には，式(4-21)では不十分である．一般形状を有する析出相が分散した組織の弾性歪エネルギーは，ハチャトリアン（A. G. Khachaturyan）によって定式化された弾性歪エネルギー評価法[5]を用いて，より正確に計算することができるので，これについて次節で説明する．

4.4　ハチャトリアンの弾性歪エネルギー評価

　ここでも簡単のため A-B 二元系における不規則相の整合相分離を考え，この相分解組織の弾性歪エネルギーを評価する．手順は，

（ステップ1）　まず位置 $\mathbf{r}$ の関数として与えられる濃度場 $c(\mathbf{r})$ を用いてアイゲン歪場 $\varepsilon_{ij}^0(\mathbf{r})$ を定義する．格子定数は濃度依存性を持つため，アイゲン歪が生じる（式(4-25)および式(4-26)を参照）

（ステップ2）　次に全歪場 $\varepsilon_{ij}^c(\mathbf{r})$ を均一全歪 $\bar{\varepsilon}_{ij}^c$ とそこからの変動量 $\delta\varepsilon_{ij}^c(\mathbf{r})$ に分けて定義する．

（ステップ3）　$\varepsilon_{ij}^0(\mathbf{r})$ を境界条件として力学的平衡方程式（力のつり合い方程式）を解き，未知量である変位場 $u_i(\mathbf{r})$ を計算する式を導く．$\delta\varepsilon_{ij}^c(\mathbf{r})$ は $u_i(\mathbf{r})$ より計算される．

（ステップ4）　弾性歪エネルギー式を書き下す．

（ステップ5）　$\bar{\varepsilon}_{ij}^c$ に課せられる境界条件（物体全体の拘束条件）を設定して，$\bar{\varepsilon}_{ij}^c$ を決定する．

　以上から，弾性歪エネルギーが計算できる．以下において，式が複雑に見え

るかもしれないが，やっていることは単純で，既知量（$\varepsilon_{ij}^0(\mathbf{r})$：濃度場 $c(\mathbf{r})$ から決定）と境界条件（力学的平衡方程式と物体全体の拘束条件）から，未知量である $\varepsilon_{ij}^c(\mathbf{r})$ を決めているにすぎない．以下，上記のステップに従い順に説明しよう．

ステップ1

相分解組織内の位置ベクトル $\mathbf{r}=(x_1, x_2, x_3)$ における B 成分の濃度場を $c(\mathbf{r})$ とし，これが弾性歪エネルギーを計算する際の境界条件（既知量）となる．格子定数 a が濃度 $c(\mathbf{r})$ に対して線形に変化する場合（ベガード則が成り立つ場合），

$$a(\mathbf{r})=a_0+\frac{da}{dc}c(\mathbf{r}) \tag{4-25}$$

のように表現され，格子定数も位置 $\mathbf{r}$ の関数 $a(\mathbf{r})$ となる．このとき，アイゲン歪は，

$$\varepsilon_{ij}^0(\mathbf{r})\equiv\frac{a(\mathbf{r})-a_0}{a_0}\delta_{ij}=\eta c(\mathbf{r})\delta_{ij}, \quad \eta\equiv\frac{1}{a_0}\frac{da}{dc} \tag{4-26}$$

にて定義される．つまりこの場合のアイゲン歪は，母相 $c(\mathbf{r})=0$ を基準にした格子定数の局所組成依存性に起因する正味の歪である．η は格子ミスマッチ（単位濃度変化当たりについて）で，合金を構成する純成分の格子定数 a_0 と格子定数の濃度依存性 da/dc から決まる（既知量）．濃度場はあらかじめ与えられているので，結局，以上から，アイゲン歪の空間分布 $\varepsilon_{ij}^0(\mathbf{r})$ は既知となる．

ステップ2

次に，全歪（拘束歪）[1-3]を

$$\varepsilon_{ij}^c(\mathbf{r})\equiv\bar{\varepsilon}_{ij}^c+\delta\varepsilon_{ij}^c(\mathbf{r}) \tag{4-27}$$

$$\int_{\mathbf{r}}\delta\varepsilon_{ij}^c(\mathbf{r})d\mathbf{r}=0 \tag{4-28}$$

と置く．$\bar{\varepsilon}_{ij}^c$ は全歪の空間平均値で，$\bar{\varepsilon}_{ij}^c$ からの変動量 $\delta\varepsilon_{ij}^c(\mathbf{r})$ は微小歪理論に基づき，変位場 $u_i(\mathbf{r})$ と

$$\delta\varepsilon_{ij}^c(\mathbf{r})\equiv\frac{1}{2}\left\{\frac{\partial u_i(\mathbf{r})}{\partial x_j}+\frac{\partial u_j(\mathbf{r})}{\partial x_i}\right\} \tag{4-29}$$

46　第4章　不均一場における自由エネルギー（2）—弾性歪エネルギー——

の関係にある．物体が丸ごと回転しても歪は生じないので，回転成分を除く
と，変位の対称性から $\varepsilon_{ij}=\varepsilon_{ji}$ が成立する．歪は基本的に変形勾配 $(\partial u_i/\partial x_j)$ を
用いて記述されるので，最も低次でかつ $\varepsilon_{ij}=\varepsilon_{ji}$ を満足する表記は上式となる．
式(4-6)との相違についても注意してほしい．式(4-6)では左辺が ε_{ij}^c であった
が，上式では $\delta\varepsilon_{ij}^c$ となっている．式(4-6)の定式化では，ε_{ij}^c 自体が十分に小さ
く，$\varepsilon_{ij}^c=\delta\varepsilon_{ij}^c$ が仮定されていたのである（例えば，無限の母相中に介在物が一
個存在しているような弾性場の問題では，$\varepsilon_{ij}^c=0$ となりこの条件は成立する）．
式(4-29)のように設定し直すことにより，ε_{ij}^c が大きくても，$\delta\varepsilon_{ij}^c$ が小さい現象
であれば，従来の微小歪理論が適用できることになり，工学的に理論の適用範
囲が格段に増大している．

　さて弾性歪 $\varepsilon_{ij}^{el}(\mathbf{r})$ は，全歪からアイゲン歪を引いて，

$$\varepsilon_{ij}^{el}(\mathbf{r})=\varepsilon_{ij}^c(\mathbf{r})-\varepsilon_{ij}^0(\mathbf{r}) \tag{4-30}$$

にて与えられる．また応力は，フックの法則に基づき，

$$\sigma_{ij}^{el}(\mathbf{r})=C_{ijkl}\,\varepsilon_{kl}^{el}(\mathbf{r})=C_{ijkl}\,\{\varepsilon_{kl}^c(\mathbf{r})-\varepsilon_{kl}^0(\mathbf{r})\} \tag{4-31}$$

と表現される（簡単のため，弾性率 C_{ijkl} は定数の場合を仮定する）．

ステップ3

　力学的平衡方程式（力のつり合い方程式）[1-3]は，体積力がない場合を想定
して，

$$\sigma_{ij,j}^{el}(\mathbf{r})=\frac{\partial\sigma_{ij}^{el}(\mathbf{r})}{\partial x_j}=0 \tag{4-32}$$

にて与えられる．これに式(4-31)，(4-26) および (4-29) を代入して，力学
的平衡方程式は，

$$C_{ijkl}\frac{\partial^2 u_k}{\partial x_j\,\partial x_l}=C_{ijkl}\,\eta\delta_{kl}\frac{\partial c}{\partial x_j} \tag{4-33}$$

と表現される（j,k,l を総和規約で書き下しているので，C_{ijkl} は消去できな
い）．ここで，濃度場，変位場，および全歪の変動量を

$$c(\mathbf{r})=\int_{\mathbf{k}} c(\mathbf{k})\exp{(i\mathbf{k}\cdot\mathbf{r})}\frac{d\mathbf{k}}{(2\pi)^3} \tag{4-34}$$

$$u_i(\mathbf{r})=\int_{\mathbf{k}} u_i(\mathbf{k})\exp{(i\mathbf{k}\cdot\mathbf{r})}\frac{d\mathbf{k}}{(2\pi)^3} \tag{4-35}$$

$$\delta\varepsilon_{ij}^c(\mathbf{r}) = \int_{\mathbf{k}} \delta\varepsilon_{ij}^c(\mathbf{k}) \exp\left(i\mathbf{k}\cdot\mathbf{r}\right) \frac{d\mathbf{k}}{(2\pi)^3} \tag{4-36}$$

のようにフーリエ表現する[15]. フーリエ変換を用いて計算する理由は, 式 (4-33)の x_i による微分が波数ベクトル成分 k_i のかけ算に帰されるためである (問題7.3の式(8)を参照). $\mathbf{k} = (k_1, k_2, k_3)$ はフーリエ空間の波数ベクトルである. 式(4-34)と(4-35)を式(4-33)に代入し, 振幅部分を取り出すと,

$$C_{ijkl}\, k_j\, k_l\, u_k(\mathbf{k}) = -iC_{ijkl}\, \eta\delta_{kl}\, k_j\, c(\mathbf{k}) \tag{4-37}$$

となる (右辺の係数の i は, 虚数の i である点に注意). これが力学的平衡方程式のフーリエ表現である. ここで,

$$G_{ik}(\mathbf{k}) \equiv (C_{ijkl}\, k_j\, k_l)^{-1} \tag{4-38}$$

$$\sigma_{ij} \equiv C_{ijkl}\, \eta\delta_{kl} \tag{4-39}$$

と定義することにより, 式(4-37)から, 変位場のフーリエ変換は,

$$u_k(\mathbf{k}) = -iG_{ik}(\mathbf{k})\, C_{ijkl}\, \eta\delta_{kl}\, k_j\, c(\mathbf{k}) = -iG_{ik}(\mathbf{k})\sigma_{ij}\, k_j\, c(\mathbf{k}) \tag{4-40}$$

と表現される. η が定数なので σ_{ij} も定数であることに注意しよう (このことは問題4.4にて使用する). 式(4-29)をフーリエ変換すると,

$$\delta\varepsilon_{kl}^c(\mathbf{k}) = i\frac{1}{2}\{u_k(\mathbf{k})k_l + u_l(\mathbf{k})k_k\} \tag{4-41}$$

である (右辺 (1/2) の前の i は, 虚数の i であるので注意すること). ここで式を簡略化するために, 式(4-41)を,

$$\delta\varepsilon_{kl}^c(\mathbf{k}) = i\frac{1}{2}\{u_k(\mathbf{k})k_l + u_l(\mathbf{k})k_k\} \Rightarrow iu_k(\mathbf{k})k_l \tag{4-42}$$

のように置き直す. 本計算ではアイゲン歪が式(4-26)にて与えられる場合を想定しているので, 弾性歪エネルギー計算において $\delta\varepsilon_{kl}^c(\mathbf{k}), (k\neq l)$ は現れないため, このように設定しても結果に影響はない. なお $\delta\varepsilon_{kl}^c(\mathbf{k}), (k\neq l)$ が現れる場合であっても, 式(4-42)を用いて $[\delta\varepsilon_{kl}^c(\mathbf{k}) + \delta\varepsilon_{lk}^c(\mathbf{k})]/2$ を計算し, これをあらためて $\delta\varepsilon_{kl}^c(\mathbf{k})$ と置き直すことに約束しておけば普遍性は失われない.

さて, 式(4-42)に式(4-40)を代入して

$$\delta\varepsilon_{kl}^c(\mathbf{k}) = iu_k(\mathbf{k})k_l$$
$$= -i^2 G_{ik}(\mathbf{k})k_j\, k_l\, \sigma_{ij}\, c(\mathbf{k}) = G_{ik}(\mathbf{k})k_l\, k_j\, C_{ijmn}\, \eta\delta_{mn}\, c(\mathbf{k}) \tag{4-43}$$

を得る. 弾性定数 C_{ijkl} と格子ミスマッチ η はあらかじめ与えられている. 濃

48 第4章 不均一場における自由エネルギー（2）—弾性歪エネルギー—

度場 $c(\mathbf{r})$ も与えられているので，$c(\mathbf{r})$ を数値計算によってフーリエ変換することで $c(\mathbf{k})$ が得られる．したがって，$\delta\varepsilon_{kl}^{c}(\mathbf{k})$ は $\mathbf{k}$ の関数として計算できるので，$\delta\varepsilon_{kl}^{c}(\mathbf{r})$ は $\delta\varepsilon_{kl}^{c}(\mathbf{k})$ を数値計算にて逆フーリエ変換することによって求めることができる．

ステップ4

さて，弾性歪エネルギー式は，

$$E_{\text{str}}=\frac{1}{2}\int_{\mathbf{r}}C_{ijkl}\,\varepsilon_{ij}^{\text{el}}(\mathbf{r})\,\varepsilon_{kl}^{\text{el}}(\mathbf{r})\,d\mathbf{r}$$

$$=\frac{1}{2}\int_{\mathbf{r}}C_{ijkl}\,\{\bar{\varepsilon}_{ij}^{c}+\delta\varepsilon_{ij}^{c}(\mathbf{r})-\varepsilon_{ij}^{0}(\mathbf{r})\}\{\bar{\varepsilon}_{kl}^{c}+\delta\varepsilon_{kl}^{c}(\mathbf{r})-\varepsilon_{kl}^{0}(\mathbf{r})\}d\mathbf{r} \tag{4-44}$$

にて与えられる．式(4-27)と式(4-30)より $\varepsilon_{ij}^{\text{el}}(\mathbf{r})$ は，

$$\varepsilon_{ij}^{\text{el}}(\mathbf{r})\equiv\varepsilon_{ij}^{c}(\mathbf{r})-\varepsilon_{ij}^{0}(\mathbf{r})=\bar{\varepsilon}_{ij}^{c}+\delta\varepsilon_{ij}^{c}(\mathbf{r})-\varepsilon_{ij}^{0}(\mathbf{r}) \tag{4-45}$$

のように求められる．式(4-44)を書き下すと，

$$E_{\text{str}}=\frac{1}{2}\int_{\mathbf{r}}C_{ijkl}\,\{\bar{\varepsilon}_{ij}^{c}+\delta\varepsilon_{ij}^{c}(\mathbf{r})-\varepsilon_{ij}^{0}(\mathbf{r})\}\{\bar{\varepsilon}_{kl}^{c}+\delta\varepsilon_{kl}^{c}(\mathbf{r})-\varepsilon_{kl}^{0}(\mathbf{r})\}\,d\mathbf{r}$$

$$=\frac{1}{2}\int_{\mathbf{r}}C_{ijkl}\,\bar{\varepsilon}_{ij}^{c}\,\bar{\varepsilon}_{kl}^{c}\,d\mathbf{r}+\frac{1}{2}C_{ijkl}\,\bar{\varepsilon}_{ij}^{c}\int_{\mathbf{r}}\delta\varepsilon_{kl}^{c}(\mathbf{r})\,d\mathbf{r}-\frac{1}{2}C_{ijkl}\,\bar{\varepsilon}_{ij}^{c}\int_{\mathbf{r}}\varepsilon_{kl}^{0}(\mathbf{r})\,d\mathbf{r}$$

$$+\frac{1}{2}C_{ijkl}\,\bar{\varepsilon}_{kl}^{c}\int_{\mathbf{r}}\delta\varepsilon_{ij}^{c}(\mathbf{r})\,d\mathbf{r}+\frac{1}{2}\int_{\mathbf{r}}C_{ijkl}\,\delta\varepsilon_{ij}^{c}(\mathbf{r})\,\delta\varepsilon_{kl}^{c}(\mathbf{r})\,d\mathbf{r}-\frac{1}{2}C_{ijkl}\int_{\mathbf{r}}\delta\,\varepsilon_{ij}^{c}(\mathbf{r})\,\varepsilon_{kl}^{0}(\mathbf{r})\,d\mathbf{r}$$

$$-\frac{1}{2}C_{ijkl}\,\bar{\varepsilon}_{kl}^{c}\int_{\mathbf{r}}\varepsilon_{ij}^{0}(\mathbf{r})\,d\mathbf{r}-\frac{1}{2}\int_{\mathbf{r}}C_{ijkl}\,\varepsilon_{ij}^{0}(\mathbf{r})\,\delta\varepsilon_{kl}^{c}(\mathbf{r})\,d\mathbf{r}+\frac{1}{2}\int_{\mathbf{r}}C_{ijkl}\,\varepsilon_{ij}^{0}(\mathbf{r})\,\varepsilon_{kl}^{0}(\mathbf{r})\,d\mathbf{r}$$

$$=\frac{1}{2}C_{ijkl}\,\bar{\varepsilon}_{ij}^{c}\,\bar{\varepsilon}_{kl}^{c}\int_{\mathbf{r}}d\mathbf{r}-C_{ijkl}\,\bar{\varepsilon}_{ij}^{c}\int_{\mathbf{r}}\varepsilon_{kl}^{0}(\mathbf{r})\,d\mathbf{r}+\frac{1}{2}C_{ijkl}\int_{\mathbf{r}}\varepsilon_{ij}^{0}(\mathbf{r})\,\varepsilon_{kl}^{0}(\mathbf{r})\,d\mathbf{r}$$

$$-\int_{\mathbf{r}}C_{ijkl}\,\delta\varepsilon_{ij}^{c}(\mathbf{r})\,\varepsilon_{kl}^{0}(\mathbf{r})\,d\mathbf{r}+\frac{1}{2}\int_{\mathbf{r}}C_{ijkl}\,\delta\varepsilon_{ij}^{c}(\mathbf{r})\,\delta\varepsilon_{kl}^{c}(\mathbf{r})\,d\mathbf{r}$$

$$=\frac{1}{2}C_{ijkl}\,\bar{\varepsilon}_{ij}^{c}\,\bar{\varepsilon}_{kl}^{c}-C_{ijkl}\,\bar{\varepsilon}_{ij}^{c}\,\delta_{kl}\,\eta\int_{\mathbf{r}}c(\mathbf{r})\,d\mathbf{r}+\frac{1}{2}C_{ijkl}\,\delta_{ij}\,\delta_{kl}\,\eta^{2}\int_{\mathbf{r}}\{c(\mathbf{r})\}^{2}\,d\mathbf{r}$$

$$-\frac{1}{2}C_{ijkl}\int_{\mathbf{r}}\delta\varepsilon_{ij}^{c}(\mathbf{r})\,\varepsilon_{kl}^{0}(\mathbf{r})\,d\mathbf{r}$$

$$= \frac{1}{2} C_{ijkl}\, \bar{\varepsilon}^c_{ij}\, \bar{\varepsilon}^c_{kl} - C_{ijkl}\, \bar{\varepsilon}^c_{ij}\, \delta_{kl}\, \eta c_0 + \frac{1}{2} C_{ijkl}\, \delta_{ij}\, \delta_{kl}\, \eta^2 \overline{\{c(\mathbf{r})\}^2}$$

$$- \frac{1}{2} \int_{\mathbf{k}} n_i\, \sigma_{ij}\, \Omega_{jk}(\mathbf{n})\, \sigma_{kl}\, n_l |c(\mathbf{k})|^2 \frac{d\mathbf{k}}{(2\pi)^3} \tag{4-46}$$

となる（問題 4.4 参照）．ここで，$\mathbf{n} \equiv \mathbf{k}/|\mathbf{k}|$ および $\Omega_{ik}(\mathbf{n}) \equiv (C_{ijkl}\, n_j\, n_l)^{-1}$ で定義され（-1 乗は逆行列を意味する），また

$$\int_{\mathbf{r}} \delta\varepsilon^c_{ij}(\mathbf{r})\, d\mathbf{r} = 0$$

$$\int_{\mathbf{r}} \varepsilon^0_{ij}(\mathbf{r})\, d\mathbf{r} = \delta_{ij}\, \eta \int_{\mathbf{r}} c(\mathbf{r})\, d\mathbf{r} = \delta_{ij}\, \eta c_0$$

$$\int_{\mathbf{r}} C_{ijkl}\, \delta\varepsilon^c_{ij}(\mathbf{r})\, \varepsilon^0_{kl}(\mathbf{r})\, d\mathbf{r} = \int_{\mathbf{r}} C_{ijkl}\, \delta\varepsilon^c_{ij}(\mathbf{r})\, \delta\varepsilon^c_{kl}(\mathbf{r})\, d\mathbf{r} \tag{4-47}$$

の関係を用いた．なお式(4-47)の最後の式は以下のように導かれる．$\delta\sigma^c_{ij}(\mathbf{r})$ $\equiv C_{ijkl}\, \{\delta\varepsilon^c_{kl}(\mathbf{r}) - \varepsilon^0_{kl}(\mathbf{r})\}$ とおいて，ガウスの発散定理と力学的平衡方程式 $(\sigma^c_{ij,j}(\mathbf{r}) = 0 \rightarrow \delta\sigma^c_{ij,j}(\mathbf{r}) = 0)$，および物体表面における力のつり合い条件（表面にかかる圧力を 0 と仮定：$\delta\sigma^c_{ij}(\mathbf{r}) n_j = 0$）を考慮すると（$n_j$ は物体表面の法線ベクトル成分），

$$\int_{\mathbf{r}} \delta\sigma^c_{ij}(\mathbf{r})\, \delta\varepsilon^c_{ij}(\mathbf{r})\, d\mathbf{r} = \int_{S} \delta\sigma^c_{ij}(\mathbf{r})\, u_i(\mathbf{r})\, n_j\, dS - \int_{\mathbf{r}} \delta\sigma^c_{ij,j}(\mathbf{r})\, u_i(\mathbf{r})\, d\mathbf{r} = 0$$

が得られ，この式を変形すると，

$$\int_{\mathbf{r}} \delta\sigma^c_{ij}(\mathbf{r})\, \delta\varepsilon^c_{ij}(\mathbf{r})\, d\mathbf{r} = 0$$

$$\int_{\mathbf{r}} C_{ijkl}\, \delta\varepsilon^c_{ij}(\mathbf{r})\, \{\delta\varepsilon^c_{kl}(\mathbf{r}) - \varepsilon^0_{kl}(\mathbf{r})\}\, d\mathbf{r} = 0$$

$$\therefore \int_{\mathbf{r}} C_{ijkl}\, \delta\varepsilon^c_{ij}(\mathbf{r})\, \varepsilon^0_{kl}(\mathbf{r})\, d\mathbf{r} = \int_{\mathbf{r}} C_{ijkl}\, \delta\varepsilon^c_{ij}(\mathbf{r})\, \delta\varepsilon^c_{kl}(\mathbf{r})\, d\mathbf{r}$$

となり，式(4-47)の最後の式が導かれる．

式(4-46)式の右辺最終表式で，$c(\mathbf{r})$ はあらかじめ与えられているので，$\overline{\{c(\mathbf{r})\}^2}$ は計算可能である．$c(\mathbf{r})$ のフーリエ変換により，$c(\mathbf{k})$ も求められる．σ_{ij} は式(4-39)で与えられる．残った未知量は $\bar{\varepsilon}^c_{ij}$ で，これを以下のステップ 5 にて求めよう．

50   第4章　不均一場における自由エネルギー（2）―弾性歪エネルギー―

ステップ5

さて以上においてまだ均一歪 $\bar{\varepsilon}_{ij}^{c}$ が決まっていない．$\bar{\varepsilon}_{ij}^{c}$ は通常，物体全体に関する拘束条件が，以下の四種類の境界条件のいずれであるかに応じて決定される．

（1）　物体全体の境界が固定され，かつ外部から何の作用も受けていない場合

境界が固定されているので，均一歪は許されない．したがって，

$$\bar{\varepsilon}_{ij}^{c}=0 \tag{4-48}$$

である．

（2）　物体全体の境界が固定され，かつ物体に一定の均一外部歪が作用している場合

これは例えば，固溶体状態にある物体が，熱膨張（$\varepsilon_{11}^{0}=\varepsilon_{22}^{0}=\varepsilon_{33}^{0}\neq0$）などによって均一に膨張・収縮したいが，境界が固定されているために変形できず，均一に歪んでいる状態を初期状態として相分解が生じるような場合である．この場合，固溶体に初期に導入されている均一歪を $\bar{\varepsilon}_{ij}^{a}$ とすると，

$$\bar{\varepsilon}_{ij}^{c}=\bar{\varepsilon}_{ij}^{a} \tag{4-49}$$

と置くことによって計算することができる．

（3）　物体全体の境界が固定されていない場合（外力がない場合）

この場合，物体は自由に膨張・収縮することができる．したがって，定常状態における均一歪は，

$$\frac{\partial E_{\mathrm{str}}}{\partial \bar{\varepsilon}_{ij}^{c}}=0 \tag{4-50}$$

の条件を満足する．この式に，具体的に式(4-46)を代入して，均一歪が

$$\frac{\partial E_{\mathrm{str}}}{\partial \bar{\varepsilon}_{ij}^{c}}=C_{ijkl}\,\bar{\varepsilon}_{kl}^{c}-C_{ijkl}\,\delta_{kl}\,\eta c_{0}=0$$

$$\therefore\quad \bar{\varepsilon}_{kl}^{c}=\delta_{kl}\,\eta c_{0} \tag{4-51}$$

のように決定される．これは，境界が固定されていないために，平衡組成 c_{0} に対応した歪が全歪（拘束歪）に等しくなることを意味している（式(4-26)参照）．

4.4 ハチャトリアンの弾性歪エネルギー評価　　51

（4）　物体全体の境界が固定されていない場合（一定外力 σ^a_{ij} が作用している場合）

　弾性歪エネルギーである E_{str} は，熱力学的には物体のヘルムホルツエネルギーである[4]．一定外力を考えるので，E_{str} をルジャンドル変換してギブスエネルギーとすると，

$$G = E_{str} - \sigma^a_{ij}\, \bar{\varepsilon}^c_{ij} \qquad (4\text{-}52)$$

となる[4]．一定外力下での力学的平衡状態における $\bar{\varepsilon}^c_{ij}$ は，

$$\frac{\partial G}{\partial \bar{\varepsilon}^c_{ij}} = 0 \qquad (4\text{-}53)$$

の条件を満足するので，これに式(4-52)と式(4-46)を代入して，均一歪 $\bar{\varepsilon}^c_{ij}$ は

$$\frac{\partial G}{\partial \bar{\varepsilon}^c_{ij}} = C_{ijkl}\, \bar{\varepsilon}^c_{kl} - C_{ijkl}\, \delta_{kl}\, \eta c_0 - \sigma^a_{ij} = 0$$

$$\therefore \quad \bar{\varepsilon}^c_{kl} = C^{-1}_{ijkl}\, \sigma^a_{ij} + \delta_{kl}\, \eta c_0 \qquad (4\text{-}54)$$

と導かれる．C^{-1}_{ijkl} は C_{ijkl}（式(4-13)参照）の逆マトリックスであり，弾性コンプライアンス S_{ijkl} に等しい．

　以上のように，物体全体の拘束条件から均一歪場が決定される．したがって，以上から弾性歪エネルギーを求めることができる．

　ところで，例えば式(4-51)を用いて弾性歪を表現すると，

$$\varepsilon^{el}_{ij}(\mathbf{r}) = \varepsilon^c_{ij}(\mathbf{r}) - \varepsilon^0_{ij}(\mathbf{r}) = \bar{\varepsilon}^c_{ij} + \delta\varepsilon^c_{ij}(\mathbf{r}) - \eta\delta_{ij}\, c(\mathbf{r})$$

$$= \delta_{ij}\, \eta c_0 + \delta\varepsilon^c_{ij}(\mathbf{r}) - \eta\delta_{ij}\, c(\mathbf{r}) = \delta\varepsilon^c_{ij}(\mathbf{r}) - \eta\delta_{ij}\{c(\mathbf{r}) - c_0\} \qquad (4\text{-}55)$$

となり，これは「$\bar{\varepsilon}^c_{ij}$ を考慮すること」と，「$\bar{\varepsilon}^c_{ij}$ を考えず $\delta\varepsilon^c_{ij}(\mathbf{r}) \to \varepsilon^c_{ij}(\mathbf{r})$ とし，アイゲン歪を $\varepsilon^0_{ij}(\mathbf{r}) \equiv \eta\delta_{ij}\{c(\mathbf{r}) - c_0\}$ と設定すること」が等価であることを意味している．

　また以上は弾性率が定数である場合の定式化であるが，弾性率が濃度場などの秩序変数の関数となっている場合の定式化も種々考案されている．なお組織形成過程における弾性歪エネルギーを計算する場合には，$c(\mathbf{r})$ が $c(\mathbf{r}, t)$ のように時間 t の関数になるので，組織形態が時間変化するたびに逐次，以上の計算を繰り返す必要がある．

4.5 ま と め

以上，弾性歪エネルギーの定式化について説明した．ここでは，弾性歪を支配する秩序変数として濃度場 c のみを取り上げたが，他の規則度場などの秩序変数が複数関与してくる場合でも，基本的な定式化手順は同じである．異なる点は，アイゲン歪が濃度場だけでなく他の秩序変数も含めた，組織形態を表現する秩序変数全体の関数として，例えば，

$$\varepsilon_{ij}^0(\mathbf{r}) \equiv \varepsilon_{ij}^{0(c)} c(\mathbf{r}) + \varepsilon_{ij}^{0(s)} s^2(\mathbf{r})$$

のように定義される点である（s は規則-不規則変態を記述する長範囲規則度[10]であり，$\pm s$ が同一の歪を与えるので二乗している）．式の変形は複雑になるが，基本的な流れは濃度場のみの場合と同じである．上式によって，濃度場や規則度場のデータがアイゲン歪場のデータに変換され，これと物体全体の拘束条件を境界条件として，弾性歪エネルギーが決定されるのである．

参 考 文 献

[1] 森 勉，村外志夫：マイクロメカニクス，培風館（1976）.

[2] 森 勉：日本金属学会会報，**17**（1978），821，920；**18**（1979），37.

[3] T. Mura：Micromechanics of Defects in Solids, 2nd Rev. Ed., Kluwer Academic（1991）.

[4] 加藤雅治：まてりあ，**47**（2008），256, 317, 375, 418, 469, 513.

[5] A. G. Khachaturyan：Theory of Structural Transformations in Solids, Dover Pub., USA（2008）.

[6] J. D. Eshelby：Progressin Solid Mechanics 2（Chapter III），I. N. Sneddon and R. Hill（eds.），North-Holland, Amsterdam（1961），89.

[7] 中村喜代次，森 教安：連続体力学の基礎，コロナ社（1998）.

[8] 日本機械学会 編：固体力学-基礎と応用-，オーム社（1987）.

[9] 小林繁夫，近藤恭平：弾性力学，培風館（1987）.

[10] 高木節雄，津崎兼彰：材料組織学，朝倉書店（2000）.

[11] J. E. Hilliard：Phase Transformation, H. I. Aaronson（Ed.），ASM, Metals Park, Ohio（1970），497.

参 考 文 献　　　53

[12]　L. D. Landau and E. M. Lifshitz : Theory of Elasticity, 3rd Ed. (Tanslated by J.
　　　B. Sykes and W. H. Reid), Butterworth-Heinemann, Oxford (1986).

[13]　石原　繁：テンソル，裳華房（1991）.

[14]　田村今雄，堀内　良：材料強度物性学，オーム社（1984）.

[15]　新中新二：フーリエ級数・変換とラプラス変換-基礎から実践まで-，数理工
　　　学社（2010）.

54   第4章 不均一場における自由エネルギー（2）—弾性歪エネルギー—

第4章 問　題

4.1　フーリエ変換とフーリエ逆変換をそれぞれ以下のように定義する.

$$F(\mathbf{k}) = \int_{\mathbf{r}} f(\mathbf{r}) \exp{(-i\mathbf{k}\cdot\mathbf{r})}\, d\mathbf{r}$$

$$f(\mathbf{r}) = \frac{1}{(2\pi)^3} \int_{\mathbf{k}} F(\mathbf{k}) \exp{(i\mathbf{k}\cdot\mathbf{r})}\, d\mathbf{k}$$

これよりデルタ関数 $\delta(\mathbf{r})$ と $\delta(\mathbf{k})$ が，形式的に以下のように表せることを示せ.

$$\delta(\mathbf{r}) = \frac{1}{(2\pi)^3} \int_{\mathbf{k}} \exp{(i\mathbf{k}\cdot\mathbf{r})}\, d\mathbf{k}, \quad \delta(\mathbf{k}) = \frac{1}{(2\pi)^3} \int_{\mathbf{r}} \exp{(-i\mathbf{k}\cdot\mathbf{r})}\, d\mathbf{r}$$

4.2　フーリエ変換とフーリエ逆変換の関係を，上記のデルタ関数を用いて証明せよ.

4.3　実関数 $f(\mathbf{r})$ と $h(\mathbf{r})$ のフーリエ変換を，それぞれ $F(\mathbf{k})$ と $H(\mathbf{k})$ と置く. $F(\mathbf{k})H(\mathbf{k})$ のフーリエ逆変換が，$f(\mathbf{r})$ と $h(\mathbf{r})$ の畳み込み計算になっていることを示せ.

4.4　式(4-46)の式変形を具体的に確認せよ.

解答

4.1　フーリエ変換の式において，$f(\mathbf{r})=\delta(\mathbf{r})$ と置くと，デルタ関数の性質から，

$$F(\mathbf{k}) = \int_{\mathbf{r}} f(\mathbf{r}) \exp{(-i\mathbf{k}\cdot\mathbf{r})}\, d\mathbf{r} = \int_{\mathbf{r}} \delta(\mathbf{r}) \exp{(-i\mathbf{k}\cdot\mathbf{r})}\, d\mathbf{r} = 1$$

となる．フーリエ逆変換の定義に上の関係を代入すると，

$$\delta(\mathbf{r}) = \frac{1}{(2\pi)^3} \int_{\mathbf{k}} F(\mathbf{k}) \exp{(i\mathbf{k}\cdot\mathbf{r})}\, d\mathbf{k} = \frac{1}{(2\pi)^3} \int_{\mathbf{k}} \exp{(i\mathbf{k}\cdot\mathbf{r})}\, d\mathbf{k}$$

が得られる．一方，$F(\mathbf{k})=\delta(\mathbf{k})$ と置くと，

$$f(\mathbf{r}) = \frac{1}{(2\pi)^3} \int_{\mathbf{k}} F(\mathbf{k}) \exp{(i\mathbf{k}\cdot\mathbf{r})}\, d\mathbf{k} = \frac{1}{(2\pi)^3} \int_{\mathbf{k}} \delta(\mathbf{k}) \exp{(i\mathbf{k}\cdot\mathbf{r})}\, d\mathbf{k} = \frac{1}{(2\pi)^3}$$

となり，この逆変換から，

$$\delta(\mathbf{k}) = F(\mathbf{k}) = \int_{\mathbf{r}} f(\mathbf{r}) \exp{(-i\mathbf{k}\cdot\mathbf{r})}\, d\mathbf{r} = \frac{1}{(2\pi)^3} \int_{\mathbf{r}} \exp{(-i\mathbf{k}\cdot\mathbf{r})}\, d\mathbf{r}$$

第 4 章　問　題 　　　　55

を得る（なおフーリエ積分の収束性については注意を要するので，詳細について
は以下の文献を参照していただきたい）．

【参考】

・新中新二：フーリエ級数・変換とラプラス変換-基礎から実践まで-，数理工学社
（2010）．

・篠崎寿夫，松森徳衛，松浦武信：現代工学のためのデルタ関数入門，現代工学社
（1986）．

4.2　フーリエ変換と逆変換の関係の証明は以下のようになる．

$$F(\mathbf{k})=\int_{\mathbf{r}}f(\mathbf{r})\exp\left(-i\mathbf{k}\cdot\mathbf{r}\right)d\mathbf{r}=\int_{\mathbf{r}}\left[\frac{1}{(2\pi)^3}\int_{\mathbf{k}'}F(\mathbf{k}')\exp\left(i\mathbf{k}'\cdot\mathbf{r}\right)d\mathbf{k}'\right]\exp\left(-i\mathbf{k}\cdot\mathbf{r}\right)d\mathbf{r}$$

$$=\int_{\mathbf{k}'}F(\mathbf{k}')\left[\frac{1}{(2\pi)^3}\int_{\mathbf{r}}\exp\left\{-i(\mathbf{k}-\mathbf{k}')\cdot\mathbf{r}\right\}d\mathbf{r}\right]d\mathbf{k}'$$

$$=\int_{\mathbf{k}'}F(\mathbf{k}')\,\delta(\mathbf{k}-\mathbf{k}')\,d\mathbf{k}'=F(\mathbf{k})$$

4.3　まず，フーリエ変換の関係式は，

$$F(\mathbf{k})=\int_{\mathbf{r}}f(\mathbf{r})\exp\left(-i\mathbf{k}\cdot\mathbf{r}\right)d\mathbf{r},\quad H(\mathbf{k})=\int_{\mathbf{r}}h(\mathbf{r})\exp\left(-i\mathbf{k}\cdot\mathbf{r}\right)d\mathbf{r}$$

であり，これより $F(\mathbf{k})H(\mathbf{k})$ は，

$$F(\mathbf{k})H(\mathbf{k})=\left[\int_{\mathbf{r}}f(\mathbf{r})\exp(-i\mathbf{k}\cdot\mathbf{r})\,d\mathbf{r}\right]\left[\int_{\mathbf{r}'}h(\mathbf{r}')\exp(-i\mathbf{k}\cdot\mathbf{r}')\,d\mathbf{r}'\right]$$

$$=\iint_{\mathbf{r}}\int_{\mathbf{r}'}f(\mathbf{r})\,h(\mathbf{r}')\exp\{i\mathbf{k}\cdot(-\mathbf{r}'-\mathbf{r})\}\,d\mathbf{r}'d\mathbf{r}$$

のように計算される．$F(\mathbf{k})H(\mathbf{k})$ のフーリエ逆変換を $g(\mathbf{r}'')$ とすると，フーリエ逆
変換の公式から，

$$g(\mathbf{r}'')=\frac{1}{(2\pi)^3}\int_{\mathbf{k}}F(\mathbf{k})\,H(\mathbf{k})\exp\left(i\mathbf{k}\cdot\mathbf{r}''\right)d\mathbf{k}$$

$$=\frac{1}{(2\pi)^3}\int_{\mathbf{k}}\left[\iint_{\mathbf{r}}\int_{\mathbf{r}'}f(\mathbf{r})\,h(\mathbf{r}')\exp\{i\mathbf{k}\cdot(-\mathbf{r}'-\mathbf{r})\}\,d\mathbf{r}'d\mathbf{r}\right]\exp\left(i\mathbf{k}\cdot\mathbf{r}''\right)d\mathbf{k}$$

$$=\frac{1}{(2\pi)^3}\iint_{\mathbf{k}}\int_{\mathbf{r}}\int_{\mathbf{r}'}f(\mathbf{r})\,h(\mathbf{r}')\exp\{i\mathbf{k}\cdot(\mathbf{r}''-\mathbf{r}'-\mathbf{r})\}\,d\mathbf{r}'d\mathbf{r}\,d\mathbf{k}$$

$$=\iint_{\mathbf{r}'}f(\mathbf{r})\,h(\mathbf{r}')\left[\frac{1}{(2\pi)^3}\int_{\mathbf{k}}\exp\{i\mathbf{k}\cdot(\mathbf{r}''-\mathbf{r}'-\mathbf{r})\}\,d\mathbf{k}\right]d\mathbf{r}'d\mathbf{r}$$

$$=\iint_{\mathbf{r}'}f(\mathbf{r})\,h(\mathbf{r}')\,\delta(\mathbf{r}''-\mathbf{r}'-\mathbf{r})\,d\mathbf{r}'d\mathbf{r}$$

56 第4章 不均一場における自由エネルギー（2）―弾性歪エネルギー――

$$= \int_r f(\mathbf{r}) \Big[\int_{r'} h(\mathbf{r}') \, \delta(\mathbf{r}'' - \mathbf{r}' - \mathbf{r}) \, d\mathbf{r}' \Big] d\mathbf{r} = \int_r f(\mathbf{r}) \, h(\mathbf{r}'' - \mathbf{r}) \, d\mathbf{r}$$

となり，$g(\mathbf{r}'')$ が $f(\mathbf{r})$ と $h(\mathbf{r})$ の畳み込み計算になっていることがわかる．

畳み込み計算は，空間的な相互作用が関与する物理現象の解析や，二つの関数の相関関係を理解する際に絶大な威力を発揮する．畳み込みの式をあらためて，

$$g(\mathbf{r}) = \int_r f(\mathbf{r}') \, h(\mathbf{r} - \mathbf{r}') \, d\mathbf{r}'$$

と記す．例えば $f(\mathbf{r}')$ を電荷の空間分布，$h(\mathbf{r} - \mathbf{r}')$ が点 $\mathbf{r}$ と点 $\mathbf{r}'$ のクーロン相互作用関数とすると，$g(\mathbf{r})$ は電荷の空間分布 $f(\mathbf{r}')$ が点 $\mathbf{r}$ につくる電位となる．$g(\mathbf{r})$ を数値計算で求めるとき，この計算をそのまま空間積分にて実行すると，一点 $\mathbf{r}$ における $g(\mathbf{r})$ を算出するたびに空間の三重積分が必要となる．しかし関数 $h(\mathbf{r} - \mathbf{r}')$ と $f(\mathbf{r}')$ をフーリエ変換し，その積 $F(\mathbf{k})H(\mathbf{k})$ をフーリエ逆変換すれば，たちどころに関数 $g(\mathbf{r})$ そのものを求めることができる．特にフーリエ変換の数値計算には，高速アルゴリズム（高速フーリエ変換と呼ばれる）が存在するので，計算時間を飛躍的に短縮させることができる．また関数 $h(\mathbf{r})$ が $f(\mathbf{r})$ 自身である場合には，畳み込み計算は，関数 $f(\mathbf{r})$ の自己相関の計算となる．

【参考】

・小出昭一郎：物理現象のフーリエ解析，東京大学出版会（1981）．

・佐川雅彦，貴家仁志：高速フーリエ変換とその応用，昭晃堂（1993）．

4.4 式(4-46)の前半の変形は，

$$E_{\text{str}} = \frac{1}{2} \int_r C_{ijkl} \{ \bar{\varepsilon}_{ij}^c + \delta\varepsilon_{ij}^c(\mathbf{r}) - \varepsilon_{ij}^0(\mathbf{r}) \} \{ \bar{\varepsilon}_{kl}^c + \delta\varepsilon_{kl}^c(\mathbf{r}) - \varepsilon_{kl}^0(\mathbf{r}) \} \, d\mathbf{r}$$

$$= \frac{1}{2} \int_r C_{ijkl} \, \bar{\varepsilon}_{ij}^c \, \bar{\varepsilon}_{kl}^c \, d\mathbf{r} + \frac{1}{2} C_{ijkl} \, \bar{\varepsilon}_{ij}^c \int_r \delta\varepsilon_{kl}^c(\mathbf{r}) \, d\mathbf{r} - \frac{1}{2} C_{ijkl} \, \bar{\varepsilon}_{ij}^c \int_r \varepsilon_{kl}^0(\mathbf{r}) \, d\mathbf{r}$$

$$+ \frac{1}{2} C_{ijkl} \, \bar{\varepsilon}_{kl}^c \int_r \delta\varepsilon_{ij}^c(\mathbf{r}) \, d\mathbf{r} + \frac{1}{2} \int_r C_{ijkl} \, \delta\varepsilon_{ij}^c(\mathbf{r}) \, \delta\varepsilon_{kl}^c(\mathbf{r}) \, d\mathbf{r} - \frac{1}{2} C_{ijkl} \int_r \delta\varepsilon_{ij}^c(\mathbf{r}) \, \varepsilon_{kl}^0(\mathbf{r}) \, d\mathbf{r}$$

$$- \frac{1}{2} C_{ijkl} \, \bar{\varepsilon}_{kl}^c \int_r \varepsilon_{ij}^0(\mathbf{r}) \, d\mathbf{r} - \frac{1}{2} \int_r C_{ijkl} \, \varepsilon_{ij}^0(\mathbf{r}) \, \delta\varepsilon_{kl}^c(\mathbf{r}) \, d\mathbf{r} + \frac{1}{2} \int_r C_{ijkl} \, \varepsilon_{ij}^0(\mathbf{r}) \, \varepsilon_{kl}^0(\mathbf{r}) \, d\mathbf{r}$$

$$= \frac{1}{2} C_{ijkl} \, \bar{\varepsilon}_{ij}^c \, \bar{\varepsilon}_{kl}^c \int_r d\mathbf{r} - C_{ijkl} \, \bar{\varepsilon}_{ij}^c \int_r \varepsilon_{kl}^0(\mathbf{r}) \, d\mathbf{r} + \frac{1}{2} C_{ijkl} \int_r \varepsilon_{ij}^0(\mathbf{r}) \, \varepsilon_{kl}^0(\mathbf{r}) \, d\mathbf{r}$$

$$- \int_r C_{ijkl} \, \delta\varepsilon_{ij}^c(\mathbf{r}) \, \varepsilon_{kl}^0(\mathbf{r}) \, d\mathbf{r} + \frac{1}{2} \int_r C_{ijkl} \, \delta\varepsilon_{ij}^c(\mathbf{r}) \, \delta\varepsilon_{kl}^c(\mathbf{r}) \, d\mathbf{r}$$

であり，ここまでの変形では，$C_{ijkl} = C_{klij}$ を用いている．$(\mathbf{r})$ が付いていない変数は位置に依存しないので積分の外に出る．

次に，空間積分は単位体積当たりを考えているので $\int_r d\mathbf{r} = 1$ とし，式(4-26)と

第 4 章 問　題　　　57

式 (4-47) を用いて,

$$E_{\mathrm{str}} = \frac{1}{2} C_{ijkl}\, \varepsilon_{ij}^{\mathrm{c}}\, \varepsilon_{kl}^{\mathrm{c}} - C_{ijkl}\, \varepsilon_{ij}^{\mathrm{c}}\, \delta_{kl}\, \eta \int_{\mathbf{r}} c(\mathbf{r})\, d\mathbf{r} + \frac{1}{2} C_{ijkl}\, \delta_{ij}\, \delta_{kl}\, \eta^2 \int_{\mathbf{r}} \{c(\mathbf{r})\}^2\, d\mathbf{r}$$

$$- \frac{1}{2} C_{ijkl} \int_{\mathbf{r}} \delta\varepsilon_{ij}^{\mathrm{c}}(\mathbf{r})\, \varepsilon_{kl}^{0}(\mathbf{r})\, d\mathbf{r}$$

を得る.

空間積分は単位体積当たりであるので, $c_0 = \int_{\mathbf{r}} c(\mathbf{r})\, d\mathbf{r}$ である. また, $\overline{\{c(\mathbf{r})\}^2}$ $\equiv \int_{\mathbf{r}} \{c(\mathbf{r})\}^2 d\mathbf{r}$ と置いているので,

$$E_{\mathrm{str}} = \frac{1}{2} C_{ijkl}\, \varepsilon_{ij}^{\mathrm{c}}\, \varepsilon_{kl}^{\mathrm{c}} - C_{ijkl}\, \varepsilon_{ij}^{\mathrm{c}}\, \delta_{kl}\, \eta c_0 + \frac{1}{2} C_{ijkl}\, \delta_{ij}\, \delta_{kl}\, \eta^2 \overline{\{c(\mathbf{r})\}^2}$$

$$- \frac{1}{2} \int_{\mathbf{k}} n_i\, \sigma_{ij}\, \varOmega_{jk}(\mathbf{n})\, \sigma_{kl}\, n_l |c(\mathbf{k})|^2 \frac{d\mathbf{k}}{(2\pi)^3}$$

となる. この右辺最後の式の変形が複雑であるが, 以下のように導かれる.

まず $\varOmega_{ik}(\mathbf{n}) \equiv (C_{ijkl}\, n_j\, n_l)^{-1}$ を用いると,

$$\delta\varepsilon_{ij}^{\mathrm{c}}(\mathbf{k}) = G_{pi}(\mathbf{k})\, k_j\, k_q\, C_{pqmn}\, \eta\delta_{mn}\, c(\mathbf{k}) = \varOmega_{pi}(\mathbf{n})\, n_j\, n_q\, C_{pqmn}\, \eta\delta_{mn}\, c(\mathbf{k})$$

となり (付録 A4 参照), これをフーリエ逆変換して,

$$\delta\,\varepsilon_{ij}^{\mathrm{c}}(\mathbf{r}) = \int_{\mathbf{k}} \delta\,\varepsilon_{ij}^{\mathrm{c}}(\mathbf{k}) \exp\,(i\mathbf{k}\cdot\mathbf{r})\, \frac{d\mathbf{k}}{(2\pi)^3}$$

$$= \int_{\mathbf{k}} \varOmega_{pi}(\mathbf{n})\, n_j\, n_q\, C_{pqmn}\, \eta\delta_{mn}\, c(\mathbf{k}) \exp\,(i\mathbf{k}\cdot\mathbf{r})\, \frac{d\mathbf{k}}{(2\pi)^3}$$

を得る. また $c(\mathbf{r})$ のフーリエ変換を用いて,

$$\varepsilon_{kl}^{0}(\mathbf{r}) \equiv \eta c(\mathbf{r})\delta_{kl} = \eta\delta_{kl} \int_{\mathbf{k}} c(\mathbf{k}) \exp\,(i\mathbf{k}\cdot\mathbf{r})\, \frac{d\mathbf{k}}{(2\pi)^3}$$

である. これらを代入して, E_{str} の最後の積分は,

$$\frac{1}{2} C_{ijkl} \int_{\mathbf{r}} \delta\varepsilon_{ij}^{\mathrm{c}}(\mathbf{r})\, \varepsilon_{kl}^{0}(\mathbf{r})\, d\mathbf{r}$$

$$= \frac{1}{2} C_{ijkl} \int_{\mathbf{r}} \left[\int_{\mathbf{k}} \varOmega_{pi}(\mathbf{n})\, n_j\, n_q\, C_{pqmn}\, \eta\delta_{mn}\, c(\mathbf{k}) \exp\,(i\mathbf{k}\cdot\mathbf{r})\, \frac{d\mathbf{k}}{(2\pi)^3} \right]$$

$$\times \left[\eta\delta_{kl} \int_{\mathbf{k}'} c(\mathbf{k}') \exp\,(i\mathbf{k}'\cdot\mathbf{r})\, \frac{d\mathbf{k}'}{(2\pi)^3} \right] d\mathbf{r}$$

$$= \frac{1}{2} (C_{ijkl}\, \eta\delta_{kl})(C_{pqmn}\, \eta\delta_{mn}) \frac{1}{(2\pi)^3} \int_{\mathbf{k}}\int_{\mathbf{k}'} \varOmega_{pi}(\mathbf{n})\, n_j\, n_q\, c(\mathbf{k})\, c(\mathbf{k}')$$

$$\times \left[\frac{1}{(2\pi)^3} \int_{\mathbf{r}} \exp\,\{i(\mathbf{k}'+\mathbf{k})\cdot\mathbf{r}\} d\mathbf{r} \right] d\mathbf{k}' d\mathbf{k}$$

58　第4章　不均一場における自由エネルギー（2）―弾性歪エネルギー―

$$
= \frac{1}{2} \sigma_{ij}\, \sigma_{pq}\, \frac{1}{(2\pi)^3} \int_{\mathbf{k}} \int_{\mathbf{k'}} \Omega_{pi}(\mathbf{n})\, n_j\, n_q c(\mathbf{k})\, c(\mathbf{k'})\, \delta(\mathbf{k'} + \mathbf{k})\, d\mathbf{k'} d\mathbf{k}
$$

$$
= \frac{1}{2} \sigma_{ij}\, \sigma_{pq} \int_{\mathbf{k}} \Omega_{pi}(\mathbf{n})\, n_j\, n_q\, c(\mathbf{k})\, c(-\mathbf{k})\, \frac{d\mathbf{k}}{(2\pi)^3}
$$

$$
= \frac{1}{2} \int_{\mathbf{k}} n_q\, \sigma_{pq}\, \Omega_{pi}(\mathbf{n})\, \sigma_{ij}\, n_j |c(\mathbf{k})|^2\, \frac{d\mathbf{k}}{(2\pi)^3} = \frac{1}{2} \int_{\mathbf{k}} n_i\, \sigma_{ij}\, \Omega_{jk}(\mathbf{n})\, \sigma_{kl}\, n_l |c(\mathbf{k})|^2\, \frac{d\mathbf{k}}{(2\pi)^3}
$$

と計算される．途中，デルタ関数のフーリエ変換の公式（問題 4.1 参照）を用いている．なお $\sigma_{ij} \equiv C_{ijkl}\, \eta \delta_{kl}$, $\sigma_{ij} = \sigma_{ji}$, および $|c(\mathbf{k})|^2 = c(\mathbf{k}) c(-\mathbf{k})$ である．

計算組織学編

第5章
エネルギー論と速度論の関係

　以上では，フェーズフィールド法の全体像，均一場における自由エネルギーの多変数への拡張，および不均一場の自由エネルギーの評価を眺めてきたが，ここでは具体的に拡散方程式（Diffusion equation）を例に取り，組織形成のエネルギー論と速度論がどのように結びついているのかを説明する．固体内拡散の理論では，組織形成動力学と熱力学の関係がわかりやすく定式化されるので，固体内拡散における拡散方程式の体系は，エネルギー論的な考え方と速度論的な考え方のつながりを理解する上で非常によい題材である．

5.1　拡散方程式と熱力学

　拡散現象は摩擦の式を基本に定式化できる．固体内の原子の拡散は，非常に粘性の強い媒質中における物体の移動に対応するので，運動方程式（ランジュバン方程式）において，慣性項は指数関数的に減衰し，摩擦項のみが残ることになる（付録 A3 を参照）．

　今，A 原子が速度 $\mathbf{v}_1$ で移動している場合を考え，この原子を移動させている熱力学的力を $\mathbf{F}_1$ とすると，$\mathbf{F}_1$ は次式にて定義される．

$$\mathbf{F}_1 = -\nabla \mu_1 \tag{5-1}$$

μ_1 は成分 A の化学ポテンシャルである（正確には弾性歪エネルギーや濃度勾配エネルギーに起因するポテンシャルも考慮する必要があるが，ここでは現象論的発展方程式の導出が目的であるので，化学的自由エネルギーのみを考慮して議論を進める）．これより原子の移動速度 $\mathbf{v}_1$ は摩擦の式より，

$$\mathbf{v}_1 = M_1 \mathbf{F}_1 = -M_1 \nabla \mu_1 \tag{5-2}$$

にて与えられる．M_1 は A 原子の拡散に関する易動度で，原子の動きやすさを

59

60　　　　　第5章　エネルギー論と速度論の関係

表すパラメータであり，物理的には摩擦係数の逆数に相当する（正確には M_1 は拡散している A 原子周辺の局所濃度の関数であるが，ここでは簡単のため定数と仮定している）．熱力学的力 $\mathbf{F}_1$ により引き起こされる拡散流 $\mathbf{J}_1$ は，A 原子の速度 $\mathbf{v}_1$ に単位体積当たりの A 原子の数，すなわち濃度 c_1 を乗ずることによって，

$$\mathbf{J}_1 = c_1 \mathbf{v}_1 = -M_1 c_1 \nabla \mu_1 \tag{5-3}$$

と表現される[1,2]．次に A–B 二元系における拡散対（Diffusion couple）[3,4]を例に相互拡散の関係式を導く（添え字について，A：1，B：2 と置く）．相互拡散の関係式は，溶質のマクロ的な流れ速度を $\mathbf{v}_0$（例えば拡散対における接合界面の移動速度に対応）とし，

$$\tilde{\mathbf{J}}_1 = -c_1 M_1 \nabla \mu_1 + \mathbf{v}_0 c_1, \qquad \tilde{\mathbf{J}}_2 = -c_2 M_2 \nabla \mu_2 + \mathbf{v}_0 c_2 \tag{5-4}$$

から $\mathbf{v}_0$ を消去することによって求められる．合金における置換型原子の拡散は，空孔を媒介として生じる．一般に A 原子と B 原子の移動速度は異なるので，これによって，拡散対における接合界面の移動が引き起こされる．この現象はカーケンドール効果と呼ばれる[3]．もし空孔が存在せず A 原子と B 原子の直接交換で拡散が進行するならば，必然的に A 原子と B 原子の移動速度は同じになり（向きは逆），拡散対の接合界面は動かない．溶質のマクロ的な流れを考慮するということは，その裏返しとして，空孔のマクロ的な流れを考慮していることに他ならない．

　さて，拡散方程式はその定義から，

$$\frac{\partial c_1}{\partial t} = -\nabla \cdot \tilde{\mathbf{J}}_1 = \nabla \cdot \{c_1 M_1 \nabla \mu_1 - \mathbf{v}_0 c_1\}$$

$$\frac{\partial c_2}{\partial t} = -\nabla \cdot \tilde{\mathbf{J}}_2 = \nabla \cdot \{c_2 M_2 \nabla \mu_2 - \mathbf{v}_0 c_2\} \tag{5-5}$$

にて与えられ，$c_1 + c_2 = 1$（正確には $c_1 + c_2 = c$（c は定数）とするのが正しいが，例えば c_1/c を改めて c_1 と定義すれば一般性は失われない）を考慮すると，

$$\frac{\partial (c_1 + c_2)}{\partial t} = \nabla \cdot \{c_1 M_1 \nabla \mu_1 + c_2 M_2 \nabla \mu_2 - \mathbf{v}_0\} = 0$$

であるので，$c_1 M_1 \nabla \mu_1 + c_2 M_2 \nabla \mu_2 - \mathbf{v}_0 = \text{const.}$（位置に依存しない定数）が成

立することがわかる. 特に拡散対では接合界面から無限遠で, $\nabla\mu_1=\mathbf{0}$, $\nabla\mu_2=\mathbf{0}$ および $\mathbf{v}_0=\mathbf{0}$ と置くことができるので, 結局, $c_1M_1\nabla\mu_1+c_2M_2\nabla\mu_2-\mathbf{v}_0=\mathbf{0}$ となり, 拡散対界面の移動速度は,

$$\mathbf{v}_0=c_1M_1\nabla\mu_1+c_2M_2\nabla\mu_2 \tag{5-6}$$

にて与えられる. これを式(5-4)に代入することにより,

$$\begin{aligned}
\tilde{\mathbf{J}}_1 &= c_1c_2(-M_1\nabla\mu_1+M_2\nabla\mu_2)\\
&= -(c_2M_1+c_1M_2)c_1\nabla\mu_1 = -(c_2M_1+c_1M_2)c_1c_2\nabla(\mu_1-\mu_2)\\
&= -(c_2M_1+c_1M_2)c_1c_2\nabla\left(\frac{dG_\mathrm{m}}{dc_1}\right) = -(c_2M_1+c_1M_2)c_1c_2\left(\frac{d^2G_\mathrm{m}}{dc_1^2}\right)\nabla c_1\\
\tilde{\mathbf{J}}_2 &= c_1c_2(M_1\nabla\mu_1-M_2\nabla\mu_2)\\
&= -(c_2M_1+c_1M_2)c_2\nabla\mu_2 = -(c_2M_1+c_1M_2)c_1c_2\nabla(\mu_2-\mu_1)\\
&= -(c_2M_1+c_1M_2)c_1c_2\nabla\left(\frac{dG_\mathrm{m}}{dc_2}\right) = -(c_2M_1+c_1M_2)c_1c_2\left(\frac{d^2G_\mathrm{m}}{dc_2^2}\right)\nabla c_2
\end{aligned}$$
$$\tag{5-7}$$

を得る. なお上式の変形において, $c_1+c_2=1$ とギブス–デュエムの関係式

$$c_1d\mu_1+c_2d\mu_2=0$$

[**参考**：$c_1d\mu_1+c_2d\mu_1=c_2d\mu_1-c_2d\mu_2$, $\quad\therefore\quad d\mu_1=c_2d(\mu_1-\mu_2)$]

および

$$G_\mathrm{m}=c_1\mu_1+c_2\mu_2,$$

$$\frac{dG_\mathrm{m}}{dc_1}=\mu_1-\mu_2+c_1\frac{d\mu_1}{dc_1}+c_2\frac{d\mu_2}{dc_1}=\mu_1-\mu_2, \frac{dG_\mathrm{m}}{dc_2}=\mu_2-\mu_1$$

を用いた. G_m はモル自由エネルギー（モルギブスエネルギー）である. フィックの第一法則の標準形は, $\tilde{\mathbf{J}}=-\tilde{D}\nabla c$ であるので, 式(5-7)より相互拡散係数は,

$$\tilde{D}_1=(c_2M_1+c_1M_2)c_1c_2\left(\frac{d^2G_\mathrm{m}}{dc_1^2}\right), \qquad \tilde{D}_2=(c_2M_1+c_1M_2)c_1c_2\left(\frac{d^2G_\mathrm{m}}{dc_2^2}\right)$$
$$\tag{5-8}$$

と表現されることがわかる. 特に理想溶液の場合,

$$\begin{aligned}
G_\mathrm{m} &= RT(c_1\ln c_1+c_2\ln c_2)\\
&= RT\{c_1\ln c_1+(1-c_1)\ln(1-c_1)\} = RT\{(1-c_2)\ln(1-c_2)+c_2\ln c_2\}
\end{aligned}$$

62 第5章 エネルギー論と速度論の関係

より，$d^2G_m/dc_1^2 = d^2G_m/dc_2^2 = RT/(c_1c_2)$ であるので，

$$\tilde{D}_1 = \tilde{D}_2 = c_2M_1RT + c_1M_2RT = c_2D_1^* + c_1D_2^* \tag{5-9}$$

となる．ここで，

$$D_1^* = M_1RT, \qquad D_2^* = M_2RT \tag{5-10}$$

はアインシュタインの関係式[1]で，R はガス定数，T は絶対温度，D_i^* はトレーサー拡散係数である．

さて，以上では拡散対を例に相互拡散現象を記述する関係式を導出したが，次に相分解における任意の拡散現象を記述する式を考えてみよう．A-B 二元系の拡散に関して，フィックの第一法則（Fick's 1st law）に対応する，より一般的な現象論的関係式は，L_{ij} をオンサーガー（L. Onsager）係数として，通常，

$$\tilde{J}_1 = -L_{11}\nabla\mu_1 - L_{12}\nabla\mu_2, \qquad \tilde{J}_2 = -L_{21}\nabla\mu_1 - L_{22}\nabla\mu_2 \tag{5-11}$$

と置かれる[5]．ここでは空孔等の物理的現象を考慮せず，A 成分と B 成分のみにて拡散現象が記述できると仮定している点に注目してほしい．式(5-4)で $\mathbf{v}_0$ を導入した代わりに，この式では初めから両辺に $\nabla\mu_1$ と $\nabla\mu_2$ が現れている．ここで知りたい点は，このように仮定した場合，オンサーガー係数 L_{ij} をどのように設定すればよいかという点である．

まず流束の収支条件：$\tilde{J}_1 + \tilde{J}_2 = 0$（A 成分と B 成分しか考慮しないので，この式が成立しなくてはならない）に式(5-11)を代入して，任意の $\nabla\mu_1$ と $\nabla\mu_2$ について，$\tilde{J}_1 + \tilde{J}_2 = 0$ が成立するためには，$L_{11} + L_{21} = 0$ および $L_{12} + L_{22} = 0$ が成立しなくてはならない．また局所平衡における詳細つり合いの条件（相反関係）[6]から，

$$L_{12} = L_{21} \tag{5-12}$$

が成立する．これらを式(5-11)に代入すると，

$$\tilde{J}_1 = -L_{11}\nabla(\mu_1 - \mu_2), \qquad \tilde{J}_2 = -L_{22}\nabla(\mu_2 - \mu_1) \tag{5-13}$$

を得る．したがって，式(5-7)との比較からオンサーガー係数が，

$$L_{11} = L_{22} = (c_2M_1 + c_1M_2)c_1c_2 \tag{5-14}$$

となることがわかる．以上において重要な点は，例えば実験的に自己拡散係数[3]とモルギブスエネルギー関数が既知であれば，相互拡散係数（interdiffusion coefficient）[3,4]およびオンサーガー係数が得られる点である（熱力学的に

厳密に得られるという意味ではなく，現象論的によい近似として得られるという意味である）．

　さて以上の解析では化学的自由エネルギーのみを考慮したが，相分解組織の有する全自由エネルギー G_{sys} を用いることによって，拡散相変態における組織形態変化を一般的に記述できる発展方程式を導くことができる．まず，式(5-7)の $\tilde{\mathbf{J}}_2$ を例に取り，これを書き直すと，

$$\tilde{\mathbf{J}}_2 = -(c_2 M_1 + c_1 M_2) c_1 c_2 \nabla \frac{\delta G_{sys}}{\delta c_2} \tag{5-15}$$

となる．G_{sys} の具体的な形式については，例えば，式(5-18)を参照していただきたい．特に G_{sys} が，関数 $c(x)$ の関数となるので，汎関数微分 $(\delta G_{sys}/\delta c_2)$ の計算が現れる（この点に関しては次節で詳しく説明する）．拡散の易動度 M_c を濃度の関数として，

$$M_c(c_2) \equiv (c_2 M_1 + c_1 M_2) c_1 c_2 \tag{5-16}$$

と定義すると，相分解を記述する非線形拡散方程式は，

$$\frac{\partial c_2}{\partial t} = \nabla \cdot \left(M_c(c_2) \nabla \frac{\delta G_{sys}}{\delta c_2} \right) \tag{5-17}$$

にて与えられる（さらに正確には熱揺らぎによる濃度場の揺らぎ項が必要であるが，ここでは簡単のため省略した）．この式は非線形拡散方程式の一般式であり，例えばこの式から，カーン-ヒリアード（Cahn-Hilliard）の非線形拡散方程式[7]も導かれる．次にその手順についてみてみよう．

5.2　非線形拡散方程式（カーン-ヒリアードの非線形拡散方程式）

　ここではカーン-ヒリアードの非線形拡散方程式に関して説明する．カーン（J. W. Cahn）らはスピノーダル分解理論において，G_{sys} を，

$$G_{sys} = \frac{1}{L} \int_0^L \left[G_m(c) + \eta^2 Y_{<hkl>}(c-c_0)^2 + \kappa \left(\frac{\partial c}{\partial x} \right)^2 \right] dx \tag{5-18}$$

と表現した（ここで式を簡単にするために A-B 二元系を考え，B 溶質濃度を c とし，一次元（x 方向）拡散を仮定し，領域の長さを L とした）．η は格子ミ

64 第5章 エネルギー論と速度論の関係

スマッチ，$Y_{<hkl>}$ は弾性率の関数（式(4-22)参照），κ は濃度勾配エネルギー係数（式(3-8)参照）である（なお積分内の各エネルギーは単位体積当たりのエネルギーであるので，$G_{\mathrm{m}}(c)$ はモル体積で割られているとする）．また G_{sys} は関数 $c(x)$ の関数，すなわち汎関数である点に注意しよう．

さて，式(5-18)の積分内の第一，二，および三項がそれぞれ組織単位体積当たりの，化学的自由エネルギー，弾性歪エネルギー，および濃度勾配エネルギーである．この三項の和を F とし，$c, x, (\partial c/\partial x)$ の三つを独立変数と考えて，汎関数微分 $\delta G_{\mathrm{sys}}/\delta c$（付録 A1 を参照）を取ると，

$$\frac{\delta G_{\mathrm{sys}}}{\delta c} = \frac{\partial F}{\partial c} - \frac{d}{dx}\left\{\frac{\partial F}{\partial(\partial c/\partial x)}\right\} = \frac{\partial G_{\mathrm{m}}(c)}{\partial c} + 2\eta^2 Y_{<hkl>}(c-c_0) - 2\kappa\left(\frac{\partial^2 c}{\partial x^2}\right)$$

(5-19)

と計算される（なお境界条件として，$\delta c(0)=\delta c(L)=0$ を用いた）．この $\delta G_{\mathrm{sys}}/\delta c$ は通常，拡散ポテンシャルと呼ばれ，あまり正確な表現ではないが，イメージ的には拡張された化学ポテンシャルと考えてよい（弾性歪エネルギーや濃度勾配エネルギーを考慮しない条件下で定義されている場合が多いが，組織形成を扱う場合はこれらのエネルギーまで考慮する必要がある）．これを式(5-17)に代入すると，非線形拡散方程式は，

$$\frac{\partial c}{\partial t} = \frac{\partial}{\partial x}\left\{M_{\mathrm{c}}(c)\left(\frac{\partial^2 G_{\mathrm{m}}(c)}{\partial c^2} + 2\eta^2 Y_{<hkl>}\right)\left(\frac{\partial c}{\partial x}\right)\right\} - 2\frac{\partial}{\partial x}\left\{M_{\mathrm{c}}(c)\kappa\left(\frac{\partial^3 c}{\partial x^3}\right)\right\} \quad (5\text{-}20)$$

と導かれる．ここで，

$$\widetilde{D} \equiv M_{\mathrm{c}}(c)\left(\frac{\partial^2 G_{\mathrm{m}}(c)}{\partial c^2} + 2\eta^2 Y_{<hkl>}\right), \quad \widetilde{K} \equiv M_{\mathrm{c}}(c)\kappa \qquad (5\text{-}21)$$

と置いて，カーン-ヒリアードの非線形拡散方程式は，

$$\frac{\partial c}{\partial t} = \frac{\partial}{\partial x}\left\{\widetilde{D}\left(\frac{\partial c}{\partial x}\right)\right\} - 2\frac{\partial}{\partial x}\left\{\widetilde{K}\left(\frac{\partial^3 c}{\partial x^3}\right)\right\} \qquad (5\text{-}22)$$

と与えられる（多くのスピノーダル分解を扱った教科書では，$M_{\mathrm{c}}(c)\kappa$ を定数と仮定して $\widetilde{K}$ を微分の外に出している）．また，式(5-21)の $\widetilde{D}$ は整合相分解における相互拡散係数に他ならない．

5.3 ま と め

　以上，拡散方程式を例に，エネルギー論と速度論がどのように関連しているかを説明した．通常の速度論では，発展方程式それ自体が最初から現象論的に仮定され議論が進められる場合が多い．しかし，本来はここで説明したように全自由エネルギー場との対応の下に定義されるべきものであることを強調しておく．特に，材料内部の複雑な組織形成過程全般を解析するためには，まず始めにその現象を必要十分に記述できる全自由エネルギー評価の考察から入ることを薦める．なぜならば計算すべき対象によっては，全自由エネルギー評価式を通じて，発展方程式の形自体が影響を受けるからである．全自由エネルギーから組織形成の考察を始めれば，エネルギーを土台に速度論を構成することになり，エネルギー論的な組織安定性と組織形成の動的挙動を明確に議論できる．これは複雑な組織形成現象を理解する上において重要な視点である．

参 考 文 献

[1] イリヤ・プリゴジン，ディリプ・コンデプディ著；妹尾　学，岩元和敏 訳：現代熱力学-熱機関から散逸構造へ-，朝倉書店 (2001).

[2] A. カチャルスキー，ピーター・F. カラン著；青野　修，木原　裕，大野宏毅 訳：生物物理学における非平衡の熱力学，みすず書房 (1975).

[3] 小岩昌宏，中嶋英雄：材料における拡散，内田老鶴圃 (2009).

[4] 阿部秀夫：金属組織学序論，コロナ社 (1967).

[5] P. シュウモン著；笛木和雄，北沢宏一 訳：固体内の拡散，コロナ社 (1994).

[6] 北原和夫：非平衡系の統計力学，岩波書店 (1997).

[7] J. E. Hilliard：Phase Transformation, H. I. Aaronson (Ed.), ASM, Metals Park, Ohio (1970), 497.

第5章 問　題

5.1 スピノーダル分解などで第二相が整合に析出する場合，整合歪による弾性拘束の影響で，状態図の析出線の位置がずれる場合がある．このときの析出線は，整合析出線と呼ばれる．状態図における整合析出線位置を計算する方法を説明せよ．

5.2 非整合析出線（通常の析出線）と整合析出線の，$c_B = 0.5$ における温度差 ΔT を計算せよ．

解答

5.1 まず正則溶体近似に基づく混合のモルギブスエネルギー関数は，A–B 二元系に対しては，次式で与えられる．

$$G_m = {}^\circ G_A(T)c_A + {}^\circ G_B(T)c_B + L_{AB}(c_B, T)c_A c_B + RT(c_A \ln c_A + c_B \ln c_B)$$

右辺第一項と二項は標準状態でのギブスエネルギー，第三項は混合の過剰エンタルピーで，$L_{AB}(c_B, T)$ は相互作用パラメーターである．最後の項は，原子の配置のエントロピー（理想溶液における混合エントロピー）に起因するエネルギーである（二元系であるので $c_A + c_B = 1$）．

次に，スピノーダル分解理論に基づき，弾性歪エネルギーを

$$E_{str} = \eta^2 Y V_m (c_B - c_{B0})^2$$

と置く（式(4-21)）．η は格子ミスマッチ，Y は弾性率の関数（単位を [Pa] とする），V_m はモル体積，および c_{X0} は成分 X の平均組成である（ここでは弾性歪エネルギーの単位を，G_m に合わせて [J/mol] にしている点に注意）．整合析出線を導出するための自由エネルギーは，$G_m + E_{str}$ にて定義されるので，これより $G_m + E_{str}$ は，

$$
\begin{aligned}
G_m + E_{str} =\ & {}^\circ G_A(T)c_A + {}^\circ G_B(T)c_B + L_{AB}(c_B, T)c_A c_B + RT(c_A \ln c_A + c_B \ln c_B) \\
& + \eta^2 Y V_m (c_B - c_{B0})^2 \\
=\ & [{}^\circ G_A(T) + \eta^2 Y V_m c_{B0}^2]c_A + [{}^\circ G_B(T) + \eta^2 Y V_m c_{A0}^2]c_B \\
& + [L_{AB}(c_B, T) - \eta^2 Y V_m]c_A c_B + RT(c_A \ln c_A + c_B \ln c_B)
\end{aligned}
$$

と表現できることがわかる（ここで $c_A + c_B = 1$ および $c_{A0} + c_{B0} = 1$ を用いた）．この式から計算される二相領域が整合析出線である（なお，この式において，組成に関する一次項は整合析出線の計算に影響しない）．

以上から，整合析出線とは，相互作用パラメーター $L_{AB}(c_B, T)$ を
$$L_{AB}(c_B, T) \rightarrow L_{AB}(c_B, T) - \eta^2 Y V_m$$
と置き換えた仮想合金系における析出線に等しい．したがって，この仮想合金の状態図を計算することにより，整合析出線を求めることができる．

5.2 整合析出線は，相互作用パラメーターの値が $\eta^2 Y V_m$ だけ減少した仮想状態図に相当するので，右図に示すように，整合析出線の位置は，非整合析出線（通常の析出線）よりもより低温に押し下げられる．ここでは格子ミスマッチの値に依存して，どの程度低温まで非整合析出線が押し下げられるかを簡単に見積もってみよう．

まず問題 5.1 の二元系を考えると，組成 $c_B=0.5$ における非整合析出線の温度 T_1 は，
$$T_1 = \frac{L_{AB}}{2R}$$
にて計算され（図に示すように，組成 $c_B=0.5$ では，析出線とスピノーダル線が一致するので，スピノーダル線の条件式：$(\partial^2 G_m/\partial c^2)_{c_B=0.5}=0$ から析出線の温度を求めることができる），また整合析出線の $c_B=0.5$ における温度 T_2 は，同様に，
$$T_2 = \frac{L_{AB} - \eta^2 Y V_m}{2R}$$
となる．したがって，両者の差（整合析出線と非整合析出線の温度差）は，

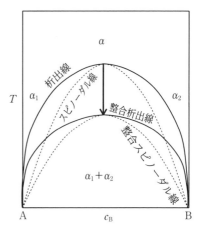

析出線と整合析出線，およびスピノーダル線と整合スピノーダル線の関係の模式図

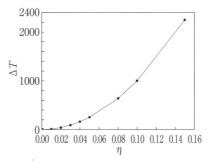

格子ミスマッチ η に対する ΔT の変化

$$\Delta T = T_1 - T_2 = \frac{L_{AB}}{2R} - \frac{L_{AB} - \eta^2 Y V_m}{2R} = \frac{\eta^2 Y V_m}{2R} = \frac{Y V_m}{2R}\eta^2$$

となり，通常の合金では，大よそ

$$Y \simeq 1.5 \times 10^{11}\,[\text{Pa}], \qquad V_\text{m} \simeq 1.0 \times 10^{-5}\,[\text{m}^3/\text{mol}]$$

$$\frac{YV_\text{m}}{2R} = \frac{1.5 \times 10^{11} \times 10^{-5}}{2 \times 8.3145} \simeq 1.0 \times 10^5$$

であるので，格子ミスマッチ η の値に対する ΔT の変化は，上図のようになる．近似ではあるが，格子ミスマッチ η が a % である場合，ΔT は，

$$\Delta T \simeq 10a^2$$

と概算できる．もちろんこの式は厳密な式ではなく ΔT は合金系によって種々変化する．しかし弾性拘束が平衡状態図にどの程度定量的に影響するかを考察する際，この式は大雑把な推定として役に立つ場合が多い．

計算組織学編

第6章

拡散相分離のシミュレーション

　本章から具体的な組織形成シミュレーションについて説明する[1-3]．ここで
は，拡散相分離のフェーズフィールドシミュレーションプログラムを三種類取
り上げる．初めの二つは一次元濃度プロファイルの時間発展および二次元濃度
場の時間発展を計算するプログラムで，合金系は相分離型の仮想的な A-B 二
元系を想定し，不規則相における二相分離の計算を行う．三番めは，二つめの
二次元濃度場の時間発展プログラムを Fe-Cr 合金系に適用し，α(bcc)不規則
相における二相分離の計算を行う．なお本書の付録 A7 と A8 にて，本シミュ
レーションプログラムのソースコード（コード内にプログラムの解説が記され
ている）のダウンロード先，コンパイル方法，およびプログラム実行方法など
を記したので，読者は自身のパソコンで実際に同様の計算を試みることができ
る（詳細は本書の付録 A7 と A8 を参照していただきたい）．

6.1　A-B 二元系における α 相の相分離の計算

　相分離する相を α 相とする．本計算は，不規則 A-B 二元系における α 相の
相分離が対象であるので，秩序変数は濃度場のみであり，したがって，本計算
のフェーズフィールド法は，従来のカーン-ヒリアードの非線形拡散方程式に
基づく相分離の計算手法に等しい．ここでは独立な秩序変数として B 成分の
モル分率 c を採用する（A 成分のモル分率は $(1-c)$ である）．フェーズフィー
ルド法では，まずこの独立な秩序変数を用いて全自由エネルギーを汎関数形式
に定式化し，この全自由エネルギーが最も効率よく減少するように，その秩序
変数の発展方程式（この場合は二元系の非線形拡散方程式）が定義される．こ
の発展方程式を数値計算することによって，秩序変数の時間および空間発展

70 第6章 拡散相分離のシミュレーション

（すなわち組織形成過程）が算出される．以下，まず使用する全自由エネルギーの計算式について説明する．

6.1.1 全自由エネルギーの計算式

A-B 二元系の α 相（1 mol 当たり）の化学的自由エネルギー（ギブスエネルギー）［計算熱力学編］は，正則溶体近似に基づき，

$$G_\mathrm{m}^\alpha(c, T) = {}^\circ G_\mathrm{A}^\alpha(T)(1-c) + {}^\circ G_\mathrm{B}^\alpha(T)c + L_\mathrm{A,B}^\alpha c(1-c)$$
$$+ RT\{c \ln c + (1-c)\ln(1-c)\} \tag{6-1}$$

にて与えられる（c が B 成分のモル分率）．組織形成過程の計算であるので，c は時間 t および組織内の位置 $\mathbf{r}=(x, y, z)$ の関数として $c(\mathbf{r}, t)$ と表記するのが正しいが，ここでは式の煩雑さを避けるために c と記す．${}^\circ G_X^\alpha(T)$ は純成分 $X(=\mathrm{A}, \mathrm{B})$ の自由エネルギーで，温度 T の関数である．R はガス定数で，右辺最後の項が原子の配置のエントロピーに起因するエネルギー項である．右辺第三項が混合の過剰エンタルピー項で，係数の $L_\mathrm{A,B}^\alpha$ は相互作用パラメーターと呼ばれる．$L_\mathrm{A,B}^\alpha$ は一般的には温度および組成の関数であるが，本計算では定数と仮定し $L_\mathrm{A,B}^\alpha = 25\,[\mathrm{kJ/mol}]$ とおいた．本計算は同一結晶構造内での等温時効における拡散相分解を対象とするので，自由エネルギーの基準（0 点）として，${}^\circ G_\mathrm{A}^\alpha(T)(1-c) + {}^\circ G_\mathrm{B}^\alpha(T)c$ を採用しても計算結果は影響を受けない（拡散相分離の計算では，拡散ポテンシャルの空間勾配が溶質移動の駆動力になる．拡散ポテンシャル（式(5-19)参照）を計算する際に自由エネルギー $G_\mathrm{m}^\alpha(c, T)$ の組成に関する一次項は定数となり（温度一定），さらに拡散ポテンシャルの空間勾配を計算する際に，この定数は消えてしまう）．したがって，ここでは議論を簡単にするために，自由エネルギーの基準について，${}^\circ G_\mathrm{A}^\alpha(T) = {}^\circ G_\mathrm{B}^\alpha(T) = 0$ と設定する．

次に濃度勾配エネルギー E_grad について説明する．式(3-8)を参照すると，計算式は，

$$E_\mathrm{grad} = \kappa_\mathrm{c}(\nabla c)^2 \tag{6-2}$$

にて与えられる（1 mol 当たり）．スピノーダル分解の計算では濃度勾配エネルギー係数 κ_c は通常，方向に依存しない定数と仮定され，本計算では，$\kappa_\mathrm{c} = 5.0 \times 10^{-15}\,[\mathrm{J \cdot m^2/mol}]$ と置いた（なお実際の合金における κ_c の評価法に

6.1　A-B 二元系における α 相の相分離の計算　　71

ついては 6.2 節にて説明する）．なお κ_c の単位について，ここでは化学的自由
エネルギーの単位 [J/mol] との整合性から [J·m²/mol] を採用しているが，モ
ル体積で割って [J/m] としている場合が多い点を記しておく．なお本節はシ
ミュレーションの説明に重点を置いているので，議論を簡単にするために弾性
歪エネルギーは考慮しない．

　以上から，全自由エネルギーは，化学的自由エネルギーと濃度勾配エネル
ギーの和として，空間積分における汎関数形式にて，

$$G_{\mathrm{sys}} = \int_{\mathbf{r}} [L_{\mathrm{A,B}}^{\alpha}\, c(1-c) + RT\{c\ln c + (1-c)\ln(1-c)\} + \kappa_c(\nabla c)^2] d\mathbf{r} \qquad (6\text{-}3)$$

と表現される．G_{sys} の c による汎関数微分は，

$$\frac{\delta G_{\mathrm{sys}}}{\delta c} = \frac{\partial G_{\mathrm{m}}^{\alpha}}{\partial c} - 2\kappa_c \nabla^2 c \qquad (6\text{-}4)$$

にて与えられ，これは拡散ポテンシャルと呼ばれる．なお式(6-4)は，式(5-
19)で $\eta = 0$ と置いた式に一致する．

6.1.2　発展方程式（非線形拡散方程式）の計算式

　計算に用いる非線形拡散方程式は，式(5-17)より，

$$\frac{\partial c}{\partial t} = \nabla \cdot \left(M_c(c, T) \nabla \frac{\delta G_{\mathrm{sys}}}{\delta c} \right) \qquad (6\text{-}5)$$

にて与えられる．$M_c(c, T)$ は原子の拡散の易動度で，組成および温度の関数
であるが，ここでは合金組成 c_0 および温度 T の関数 $M_c(c_0, T)$ と近似する．
式(6-4)を代入すると，

$$\frac{\partial c}{\partial t} = \nabla \cdot \left[M_c(c_0, T) \nabla \left\{ \frac{\partial G_{\mathrm{m}}^{\alpha}}{\partial c} - 2\kappa_c \nabla^2 c \right\} \right]$$

$$= \nabla \cdot \left[M_c(c_0, T) \left(\frac{\partial^2 G_{\mathrm{m}}^{\alpha}}{\partial c^2} \right) \nabla c \right] - 2 M_c(c_0, T)\kappa_c \nabla^4 c \qquad (6\text{-}6)$$

を得る．ここで，$\widetilde{D} \equiv M_c(c_0, T)(\partial^2 G_{\mathrm{m}}^{\alpha}/\partial c^2)$ および $\widetilde{K} \equiv M_c(c_0, T)\kappa_c$ と置くと，
式(5-22)で求めたカーン-ヒリアードの非線形拡散方程式

$$\frac{\partial c}{\partial t} = \nabla \cdot (\widetilde{D} \nabla c) - 2\widetilde{K} \nabla^4 c \qquad (6\text{-}7)$$

に一致することがわかる．$\widetilde{D}$ は相互拡散係数に他ならない．なお実際の相分

72 第6章 拡散相分離のシミュレーション

離シミュレーションでは，式(6-4)の拡散ポテンシャル $\mu_{\text{sys}} \equiv \delta G_{\text{sys}} / \delta c$ を位置の関数 $\mu_{\text{sys}}(\mathbf{r}, t)$ として数値計算し，式(6-5)を

$$\frac{\partial c}{\partial t} = M_c \nabla^2 \mu_{\text{sys}} \tag{6-8}$$

と変形して $(M_c(c, T) = M_c(c_0, T)$ と置いているので M_c は微分の外に出せる)，差分法（Difference method）[4]を用いて数値計算した方が効率的である．つまり組織内の任意の点における拡散ポテンシャル $\mu_{\text{sys}}(\mathbf{r}, t)$ を式(6-4)から求め，$\mu_{\text{sys}}(\mathbf{r}, t)$ について直接，差分計算を行う手法である．なお初期条件 $c(\mathbf{r}, 0)$ については，6.1.4項にて述べる．

　最後に二次元計算を例に，拡散方程式の無次元化について説明する．まずエネルギーを RT にて無次元化する．また二次元計算領域の一辺の長さを L，差分計算の分割数を N とすると，差分による空間分割セルの一辺の長さ b_1 は，$b_1 = L/N$ である．この b_1 を用いて距離を無次元化する（差分計算を容易にするため）．また時間は b_1^2 / D にて無次元化される（D [m²/s] は拡散係数）．本計算では等温時効を想定しているので，易動度 $M_c(c_0, T)$ は定数 M_c となる．また拡散係数と易動度の関係式（後述）より，M_c の次元は [m²/s]/[J/mol] である．以上より二次元 (x, y) における非線形拡散方程式(6-8)を，次元と合わせて表現すると，

$$\frac{\partial c}{\partial t} = M_c \left(\frac{\partial^2 \mu_{\text{sys}}}{\partial x^2} + \frac{\partial^2 \mu_{\text{sys}}}{\partial y^2} \right) : \left[\frac{1}{s} \right] = \left[\frac{\text{m}^2/\text{s}}{\text{J/mol}} \right] \left[\frac{\text{J/mol}}{\text{m}^2} \right] \tag{6-9}$$

となり，無次元化した方程式は，

$$\frac{\partial c}{\partial \left(\dfrac{t}{b_1^2 / D} \right)} = \frac{M_c RT}{D} \left(\frac{\partial^2 (\mu_{\text{sys}} / RT)}{\partial (x / b_1)^2} + \frac{\partial^2 (\mu_{\text{sys}} / RT)}{\partial (y / b_1)^2} \right) \tag{6-10}$$

となる．ここで濃度勾配エネルギー定数 κ_c は $b_1^2 RT$ にて無次元化される．

　式(5-10)と式(5-16)を用いると，自己拡散係数 $D_X^*(X = \text{A, B})$ と $M_c(c, T)$ には

$$M_c(c, T) = \left(\frac{D_B^*}{RT} (1 - c) + \frac{D_A^*}{RT} c \right) c (1 - c) \tag{6-11}$$

の関係があることがわかる．D_X^* は固溶体中における X 原子の自己拡散係数であるので，正確には D_X^* は温度および濃度（媒質の固溶体の濃度）の関数であ

るが，ここでは最も単純に，$D_A^* = D_B^* = D$ と置き，かつ組成 c については合金組成 c_0 にて近似する．したがって式(6-11)より，式(6-10)右辺の係数部分が，$M_c RT/D = c_0(1-c_0)$ と導かれる．実際に相分解シミュレーションを行う際に，拡散係数の値は，無次元化された計算時間 $t' \equiv t/(b_1^2/D)$ を実時間 t に変換するときにのみ必要になる．無次元化された非線形拡散方程式は最終的に

$$\frac{\partial c}{\partial t'} = c_0(1-c_0)\left(\frac{\partial^2(\mu_{sys}/RT)}{\partial (x/b_1)^2} + \frac{\partial^2(\mu_{sys}/RT)}{\partial (y/b_1)^2}\right) \qquad (6\text{-}12)$$

であるので，無次元化された計算時間 t' にて議論する限りにおいては，拡散係数の値自体は特に必要ではない．なお本計算では核形成-成長過程も計算するので，実際の計算では濃度揺らぎ項[1]も乱数を用いて導入している．

6.1.3　A-B 二元系状態図

計算に用いた A-B 二元系の状態図を図 6.1 に示す．ここでは α 相のみを考慮している（液相は考慮していない）．実線がバイノーダル線（平衡状態図における溶解度ギャップを示す析出線で，化学的自由エネルギー曲線への共通接線の接点から求められる），および点線がスピノーダル線（化学的自由エネルギー曲線の変曲点の組成を，温度に対して結んだ線）である．相分離の計算

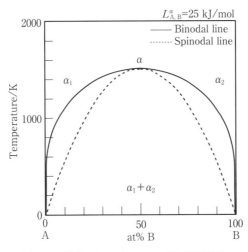

図 6.1　計算に用いた A-B 二元系状態図.

は，高温の単相領域で溶体化した状態を初期状態とし，それを二相領域に持ちきたして等温時効したときの相分離過程を対象とする．時効温度は1000Kとする．この温度におけるバイノーダル組成とスピノーダル組成はそれぞれ，$c_{Bi}=0.07$ および $c_{Sp}=0.21$（高組成側では $c_{Bi}=0.93$ および $c_{Sp}=0.79$）である．

6.1.4 計算結果

図6.2 はシミュレーション結果の一例で，A-40 at%B 合金の 1000 K 等温時効における濃度プロファイルの時間発展である．初期濃度プロファイルを乱数にて設定している．図6.2(a)，(b)，(c)に見るように，相分離初期に典型的なスピノーダル分解が生じる．**図6.3** は A-B 合金系の 1000 K における化学的自由エネルギー曲線である．この自由エネルギー曲線上で，A-40 at% B 合金の相分離は，点 P からの P→a+b のように進行していく．スピノーダル分解は"化学的自由エネルギー曲線が上に凸の合金組成範囲での相分離"と定義されるので，P→a+b のように分離することにより，矢印のように連続的に自由エネルギーが減少する．特に図6.2(c)に見るように，濃度ピークの間隔（波長）がほぼ均一にそろう特徴がある（優先波長と呼ばれる）．このような優先波長の現れる理由がスピノーダル分解理論において説明され（問題6.2参

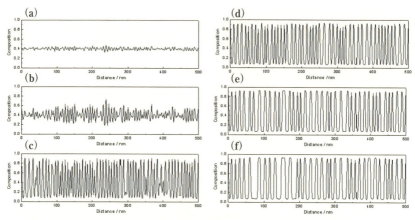

図6.2 A-40 at% B 合金の 1000K 等温時効における一次元濃度プロファイルの時間変化．（a）$t'=10$，（b）$t'=20$，（c）$t'=50$，（d）$t'=200$，（e）$t'=1000$，（f）$t'=3000$．

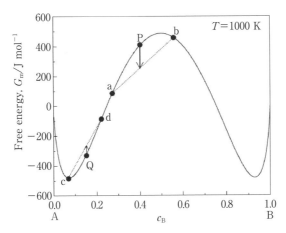

図 6.3 A-B 合金の 1000 K における自由エネルギー曲線.

照),優先波長の存在がスピノーダル分解の有力な実験的証拠とされている.

続いて図 6.2(d),(e),(f)に見るように,時効の進行に伴い濃度ピーク同士が互いに溶質を奪い合ってオストワルド成長(Ostwald ripening)[5]していく様子が計算されている.オストワルド成長は,サイズの大きな析出相がサイズの小さな析出相を吸収して,組織が粗大化していく現象であり,界面エネルギーの減少が主な駆動力である.重要な点は,一つの非線形拡散方程式を精度よく解くことによって,スピノーダル分解のような初期過程の相分解挙動から,オストワルド成長のような後期過程の相分解挙動まで連続的に議論できる点である.

次に合金組成を変えて,同様に相分解させたときの濃度プロファイル(時間 $t'=3000$ における結果)を図 6.4 に示す.状態図の中央組成付近では,典型的なスピノーダル分解組織となるが,合金組成が低下して,ほぼスピノーダル線上の $c_0=0.2$ では,濃度プロファイルの周期性が若干崩れてくる.合金組成がスピノーダル線とバイノーダル線の中央付近である $c_0=0.15, T=1000$ K では,まばらに濃度ピークが形成され,核形成-成長型相分離の特徴を示すようになる.最後に合金組成がバイノーダル線のすぐ内側の $c_0=0.1$ では,完全に核形成-成長型の相分離となる.通常,スピノーダル分解と核形成-成長型相分解[5]は,異なる相分離メカニズムとして説明される場合が多いが,原子の拡

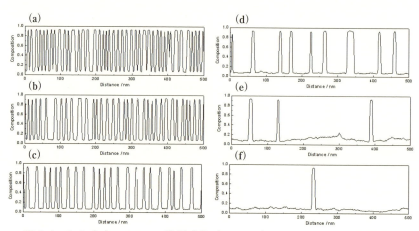

図 6.4 A-B 合金の 1000 K 等温時効（$t'=3000$）における一次元濃度プロファイルの合金組成による変化.（a）A-50 at% B,（b）A-40 at% B,（c）A-30 at% B,（d）A-20 at% B,（e）A-15 at% B,（f）A-10 at% B.

散の観点からは，基本的には一つの非線形拡散方程式から計算される単一の現象である．ただし，図 6.4 の中央組成（50%）の濃度プロファイルと端の組成（10%）の濃度プロファイルの比較からわかるように，得られる組織形態は，スピノーダル線付近（20%）を境に大きく変化する．このことが，従来，スピノーダル分解と核形成-成長型相分解を分けて考えてきた所以であろう．もちろんスピノーダル点は，過飽和固溶体からの微小濃度揺らぎに対して，相分離に対する化学的駆動力が負から正に変わる点であり，相分離の本質的な機構は異なる（核形成-成長型の相分解はスピノーダル領域の外側の合金組成における相分離であるので，図 6.3 の Q→c+d に示すように，相分離の初期にいったん自由エネルギーが増加する過程を通らなくてはならない）．

次に，**図 6.5** は二次元における濃度場の時間発展である．図 6.5(a)～(h) は，合金組成 $c_0=0.4$（A-40 at% B）の時効温度 1000 K におけるスピノーダル分解の時間発展である．図中の相分解組織の明暗が局所的な B 成分の組成に対応し，白〜黒が 0 at% B〜100 at% B を表している．また計算領域一辺は 60 nm に設定してある．ちょうど，図 6.2 の場合を二次元にした計算であり，図 6.2 の濃度ピークの高いところが図 6.5 の黒い部分に対応している（図 6.2 で

6.2 Fe-Cr 二元系における α(bcc)相の相分離の計算　　　77

A-40 at% B at 1000 K

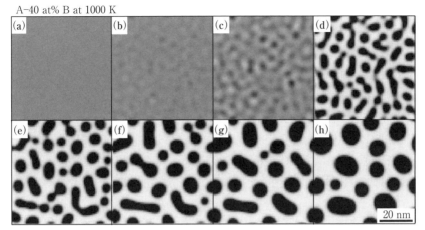

図 6.5 A-40 at% B 合金の 1000 K 等温時効における二次元相分離シミュレーション．（a）$t'=0$,（b）$t'=10$,（c）$t'=20$,（d）$t'=50$,（e）$t'=100$,（f）$t'=200$,（g）$t'=300$,（h）$t'=500$.

は計算領域が 500 nm であったが，図 6.5 では一辺 60 nm である点に注意）．

　初期状態は過飽和固溶体（最大で ±1 at% 程度の濃度揺らぎを乱数によって与えてある）であり，相分解の初期に均一な"まだら構造（Mottled structure）"が形成され（(a)～(d)），その後，組織は孤立した微細な析出粒子が分散する組織となり（(d)～(f)），時効の進行に伴いオストワルド成長によって析出相が粗大化していく（(f)～(h)）．特に析出相の粗大化挙動（大きな粒子が小さな粒子を吸収して成長していく様子）は，二次元計算の方がとらえやすいであろう．合金組成や，時効温度を変えて種々の条件下での相分解過程を，パソコン上にてその場観察しながら計算を進めることができる．

6.2　Fe-Cr 二元系における α(bcc)相の相分離の計算

6.2.1　全自由エネルギーの計算式

　先の計算は，仮想的な A-B 二元系の計算であったが，これを実際の合金系である Fe-Cr 系に応用してみよう（特に化学的自由エネルギーの定式化に関しては本書の姉妹編［計算熱力学編］を参照されたい）．Fe-Cr 二元系の α (bcc)相の原子 1 mol 当たりの化学的自由エネルギーは，準正則溶体近似（磁性項を含む）に基づき，

$$G_m^\alpha(c, T) = {}^\circ G_{Fe}^\alpha(T)(1-c) + {}^\circ G_{Cr}^\alpha(T)c + L_{Cr,Fe}^\alpha c(1-c) + {}^{mag}G_m^\alpha$$
$$+ RT\{c \ln c + (1-c)\ln(1-c)\} \tag{6-13}$$

$$^{mag}G_m^\alpha \equiv RT \ln(\beta^\alpha + 1) f(\tau) \tag{6-14}$$

にて与えられ（[計算熱力学編] 参照），c は Cr のモル分率である．${}^{mag}G_m^\alpha$ は磁気変態に伴う過剰エネルギーで，常磁性状態を基準として，相が強磁性もしくは反強磁性状態に相転移したときの自由エネルギー変化量を意味している．${}^{mag}G_m^\alpha$ は式(6-14)にて定義され，τ がキュリー温度 T_C^α にて規格化された温度 $\tau \equiv T/T_C^\alpha$ で，関数 $f(\tau)$ は，

$$f(\tau) \equiv 1 - \frac{1}{D}\left\{\frac{79\tau^{-1}}{140p} + \frac{474}{497}\left(\frac{1}{p}-1\right)\left(\frac{\tau^3}{6} + \frac{\tau^9}{135} + \frac{\tau^{15}}{600}\right)\right\}, \quad (\tau \leq 1)$$

$$f(\tau) \equiv -\frac{1}{D}\left(\frac{\tau^{-5}}{10} + \frac{\tau^{-15}}{315} + \frac{\tau^{-25}}{1500}\right), \quad (\tau > 1)$$

$$D \equiv \frac{518}{1125} + \frac{11692}{15975}\left(\frac{1}{p}-1\right) \tag{6-15}$$

にて定義される（[計算熱力学編] 参照）．固溶体が bcc 構造の場合 $p = 0.40$ であり，それ以外の結晶構造では $p = 0.28$ となる．β^α はボーア磁子で無次元化された 1 原子当たりの磁化の強さである．合金状態図の熱力学データベースにおいて，$L_{Cr,Fe}^\alpha$, T_C^α，および β^α は組成と温度による展開式として与えられ，具体的に Fe-Cr 二元系の α(bcc)相では，

$$L_{Cr,Fe}^\alpha(c, T) = 20500 - 9.68T \text{ [J/mol]}$$
$$T_C^\alpha = 1043(1-c) - 311c + c(1-c)\{1650 - 550(1-2c)\} \text{ [K]}$$
$$\beta^\alpha = 2.22(1-c) - 0.01c - 0.85c(1-c) \tag{6-16}$$

のようになる[6]．本計算の対象は同一結晶構造(bcc)内での等温時効における拡散相分解であるので，先の場合と同様に自由エネルギーの基準として改めて，${}^\circ G_{Fe}^\alpha(T)(1-c) + {}^\circ G_{Cr}^\alpha(T)c$ を採用し，${}^\circ G_{Fe}^\alpha(T) = {}^\circ G_{Cr}^\alpha(T) = 0$ と設定する．

濃度勾配エネルギーの計算式は式(6-2)と同じである．κ_c の値は，原子間相互作用パラメーター $L_{Cr,Fe}^\alpha$，界面エネルギー密度 γ_s，界面幅 d_1，および相互作用距離 d_2 を用いて，近似的に見積もることが可能である．評価式には，通常，

6.2 Fe-Cr 二元系における α(bcc)相の相分離の計算　　79

$\kappa_c = k_1 d_1 \gamma_s V_m$, もしくは, $\kappa_c = k_2 d_2^2 L_{Cr,Fe}^\alpha$ が用いられる[3]. k_1 と k_2 は結晶構造や温度に依存する定数であるが, 推奨値などは未だ明確にはなっていない. 著者は特に情報がない場合には経験的に, $k_1 = 1 \sim 2$ および $k_2 = 0.5$, かつ $d_2 = d_1/2$ を用いている[3].

Fe-Cr の整合析出を対象に, γ_s と d_1 については, 一般的な整合析出における代表値として, それぞれ $\gamma_s = 0.1\,\mathrm{J/m^2}$ および $d_1 = 1\,\mathrm{nm}$ と置き, $L_{Cr,Fe}^\alpha$ については, 式(6-16)の $L_{Cr,Fe}^\alpha$ の 0 K における値を採用して, $L_{Cr,Fe}^\alpha = 20500\,\mathrm{J/mol}$ と仮定すると,

$$\kappa_c = 1.5 \times (1 \times 10^{-9})\,[\mathrm{m}] \times 0.1\,[\mathrm{J/m^2}] \times (7.1 \times 10^{-6})\,[\mathrm{m^3/mol}]$$

$$\simeq 1.07 \times 10^{-15}\,[\mathrm{J \cdot m^2/mol}]$$

$$\kappa_c = 0.5 \times (0.5 \times 10^{-9})^2\,[\mathrm{m^2}] \times 20500\,[\mathrm{J/mol}] \simeq 2.56 \times 10^{-15}\,[\mathrm{J \cdot m^2/mol}]$$

となり両評価式はほぼ近い値を与える. 本計算では $\kappa_c = 2.0 \times 10^{-15}\,[\mathrm{J \cdot m^2/mol}]$ とした. しかしいずれにしても, 界面幅 d_1 の設定や界面エネルギー密度 γ_s の値自体, 不明な場合が多く, κ_c は物理定数と考えるよりも計算モデルにおけるフィッティングパラメーターと見なした方が工学的には有用な場合が多い. 例えば実験で得られたスピノーダル分解組織の変調構造の波長を用いて, この波長の値を再現できるように逆問題として κ_c をシミュレーションから決定するのも有効な方法であろう.

次に弾性歪エネルギー E_{str} についてであるが, ここでは議論を簡単にするため等方弾性体を仮定し,

$$E_{str} = \eta^2 Y (c - c_0)^2 V_m \tag{6-17}$$

とおいた. c_0 は Cr の合金組成, Y は弾性率の関数, および η は格子ミスマッチである. Fe(bcc) と Cr(bcc) の格子定数 $a_{Fe} = 0.28664\,\mathrm{nm}$ および $a_{Cr} = 0.28840\,\mathrm{nm}$ から, $\eta = (a_{Cr} - a_{Fe})/a_{Fe} = 6.14 \times 10^{-3}$ と評価される[7]. また Y は以下のように計算される. まず Fe(bcc) と Cr(bcc) の弾性定数として, $C_{11}^{Fe} = 2.33 \times 10^{11}$, $C_{12}^{Fe} = 1.35 \times 10^{11}$, $C_{44}^{Fe} = 1.18 \times 10^{11}\,\mathrm{Pa}$[7] および $C_{11}^{Cr} = 3.500 \times 10^{11}$, $C_{12}^{Cr} = 6.780 \times 10^{10}$, $C_{44}^{Cr} = 1.008 \times 10^{11}\,\mathrm{Pa}$[7]を採用し, 次にこれを合金組成 c_0 で重み付き平均して, $C_{11} = C_{11}^{Fe}(1 - c_0) + C_{11}^{Cr} c_0$, $C_{12} = C_{12}^{Fe}(1 - c_0) + C_{12}^{Cr} c_0$ とする. これより Y は, $Y = C_{11} + C_{12} - 2(C_{12}^2/C_{11})$ にて計算される（ここでは変調構造の計算の際に用いられる関数 $Y_{<hkl>}$（式(4-24)）を用いて, $Y_{<100>}$ の場合を採

用している）．モル体積 V_m については純 Fe(bcc)のモル体積を用いる．純 Fe(bcc)の格子定数を a_{Fe}^{α} とすると，N_{Av} をアボガドロ数として，モル体積 V_m は原子 1 個当たりの体積 $(a_{Fe}^{\alpha})^3/2$ を N_{Av} 倍すればよいので，$V_m = N_{Av}(a_{Fe}^{\alpha})^3/2$ にて計算できる（bcc では単位胞に原子が 2 個あるので，2 で割っている）．

以上から式(5-18)と同様にして，全自由エネルギーは，化学的自由エネルギー，濃度勾配エネルギー，および弾性歪エネルギーの総和として，空間における汎関数形式にて，

$$G_{sys} = \int_r [G_m^{\alpha}(c, T) + {}^{mag}G_m^{\alpha} + \kappa_c(\nabla c)^2 + \eta^2 Y(c - c_0)^2 V_m] d\mathbf{r}$$

$$= \int_r \left[\begin{array}{c} L_{Cr,Fe}^{\alpha} c(1-c) + RT\{c \ln c + (1-c)\ln(1-c) \\ + RT \ln(\beta^{\alpha} + 1)g(\tau) + \kappa_c(\nabla c)^2 + \eta^2 Y(c-c_0)^2 V_m \end{array} \right] d\mathbf{r} \qquad (6\text{-}18)$$

と表現される．G_{sys} の関数 $c(x)$ による汎関数微分 $\delta G_{sys}/\delta c$，すなわち拡散ポテンシャルは，変分原理に基づき，

$$\frac{\delta G_{sys}}{\delta c} = \frac{\partial G_m^{\alpha}}{\partial c} - 2\kappa_c \nabla^2 c + 2\eta^2 Y(c - c_0) V_m \qquad (6\text{-}19)$$

にて与えられる（付録 A1 参照）．拡散ポテンシャルは，通常，弾性歪エネルギーや濃度勾配エネルギーを考慮しない条件下で定義されている場合が多いが，整合相分解を扱う場合はこれら全てのエネルギーを考慮する必要がある．

発展方程式の数値解析に関しては，6.1.2 項において説明した方法と同じである．

6.2.2　α(bcc)相の相分離に対する準安定状態図

Fe-Cr 二元系において α(bcc)相のみを考慮した準安定状態図は図 6.6 にて与えられる．実線が二相領域の析出線，破線がスピノーダル線，および一点鎖線はキュリー温度を表している．磁気過剰自由エネルギーの効果によって，析出線とスピノーダル線がキュリー線に沿って引張られるようにな形態を取り，また中央組成に対してやや非対称になっていることがわかる．これは磁気変態に伴う過剰エネルギー ${}^{mag}G_m^{\alpha}$ によって，強磁性 α_1 相が安定化されたためである（［計算熱力学編］参照）．Fe-Cr 系では，スピノーダル分解による高濃度の Cr 相の析出により材料が脆化することが知られており[8]，各種の高 Cr ス

6.2 Fe-Cr 二元系における α(bcc) 相の相分離の計算　　　81

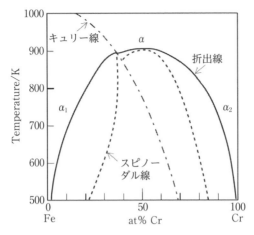

図 6.6　Fe-Cr 二元系の準安定状態図.

テンレス合金開発においてスピノーダル分解挙動を知ることは実用的にも重要な課題となっている．また機能性磁性材料である Fe-Cr-Co 磁性合金では，外部磁場によってスピノーダル分解方向を制御し，形状磁気異方性（内部組織の形状磁気異方性）に優れた硬磁性材料の開発が行われており，磁気特性の向上にスピノーダル分解が巧みに活用されている[9]．

6.2.3　計算結果

図 6.7 は，合金組成 $c_0 = 0.5$(Fe-50 at% Cr) および時効温度 673 K におけるスピノーダル分解の時間発展である．図中の相分解組織の明暗が局所的な Cr 組成に対応し，白〜黒が 0 at% Cr〜100 at% Cr を表している．また計算領域一辺は 30 nm に設定してある．初期状態は固溶体（±1 at% 程度の濃度揺らぎを乱数によって与えてある）であり，相分解の初期に均一に Cr に富んだ相がスピノーダル分解により形成され（図 6.7(b)），その後，時効の進行に伴い，オストワルド成長もしくは粒子同士の接触によって，析出相が粗大化していく（図 6.7(c)〜(f)）．

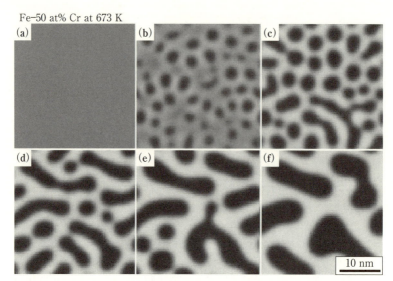

図 6.7 Fe-50 at% Cr 合金の 673 K 等温時効における二次元相分離シミュレーション．(a) $t'=0$, (b) $t'=20$, (c) $t'=40$, (d) $t'=100$, (e) $t'=200$, (f) $t'=400$.

6.3　ま　と　め

　以上，仮想的な A-B 二元系および Fe-Cr 合金を例に取り，相分離シミュレーションについて説明した．本計算は通常のパソコンにて実行可能であるので，学部や大学院における材料組織学の学習においても効果的に活用できると思う．もちろん，本プログラムを少し改良するだけで，他の二成分系相分離のプログラムを作成することができる．例えば，Fe-Cu[3]，Co-Cu および Al-Zn の bcc 相や fcc 相のスピノーダル分解プログラムは比較的容易に作成できる．

　また本計算手法は連続体モデルに基づく解析であるので，合金に限らず，セラミックス[10]やポリマーアロイ[11]の相分離の計算にも適用できる利点がある．特に近年，種々の分野で活発に研究が進められているナノ・メゾスケールにおけるデバイス設計では，デバイスのスケール自体が微視的な材料組織のス

ケールに重なってきているので，組織形態形のダイナミクスの解析は，これまでにも増して重要になると思われる．

参 考 文 献

[1] 小山敏幸：まてりあ，**48**（2009），466, 508, 555.
[2] T. Miyazaki, A. Takeuchi, T. Koyama and T. Kozakai：Trans. JIM, **32**（1991），915.
[3] 小山敏幸：ふぇらむ，**11**（2006），647.
[4] 桑原邦郎，河村哲也：流体計算と差分法，朝倉書店（2005）.
[5] 榎本正人：金属の相変態，内田老鶴圃（2000）.
[6] J. O. Andersson and B. Sundman：CALPHAD, **11**（1987），83.
[7] 日本金属学会 編：金属データブック，丸善（2004）.
[8] 須藤 一 編：鉄鋼材料（講座・現代の金属学 材料編 4），日本金属学会（1985）.
[9] 小山敏幸：熱処理，**49**（2009），317.
[10] 佐久間健人：セラミック材料学，海文堂（1990）.
[11] 土井正男，小貫 明：高分子物理・相転移ダイナミクス，岩波書店（1992）.

第6章 問　題

以下の三つの問題では，弾性歪エネルギーはいずれも無視できるほど小さいと仮定している．

6.1 相分離を記述する非線形拡散方程式（式(6-7)）において一次元（x 方向のみ）を考え，右辺の微分を書き下すと，

$$\frac{\partial c}{\partial t}=\frac{\partial}{\partial x}\left(\tilde{D}\frac{\partial c}{\partial x}\right)-2\tilde{K}\left(\frac{\partial^4 c}{\partial x^4}\right)=\left(\frac{\partial \tilde{D}}{\partial x}\right)\left(\frac{\partial c}{\partial x}\right)+\tilde{D}\left(\frac{\partial^2 c}{\partial x^2}\right)-2\tilde{K}\left(\frac{\partial^4 c}{\partial x^4}\right)$$

$$=\left(\frac{\partial \tilde{D}}{\partial c}\right)\left(\frac{\partial c}{\partial x}\right)^2+\tilde{D}\left(\frac{\partial^2 c}{\partial x^2}\right)-2\tilde{K}\left(\frac{\partial^4 c}{\partial x^4}\right)$$

となる．右辺第一項は偏微分方程式の非線形項であり，通常このような非線形項を持つ方程式を解析的に解くことはできない．しかし微分方程式を線形近似（非線形項を省略）し，かつ係数（$\tilde{D}$ や $\tilde{K}$）を位置に依存しない定数と仮定すると，微分方程式を解析的に解くことができ，現象の本質的理解に役立つ場合が多い．そこで，拡散方程式を

$$\frac{\partial c}{\partial t}=\tilde{D}\left(\frac{\partial^2 c}{\partial x^2}\right)-2\tilde{K}\left(\frac{\partial^4 c}{\partial x^4}\right)$$

と線形近似し，一次元濃度プロファイルをフーリエ波：

$$c(x,t)=\frac{1}{2\pi}\int_k Q(k,t)\exp(ikx)dk$$

とおいて上記の微分方程式を解け．なお係数（$\tilde{D}$ や $\tilde{K}$）は位置に依存しない定数とする．

6.2 上の設問にて得られた解を用いて，スピノーダル分解において優先波長が出現する理由を説明せよ．また優先波長を求める式を導き，スピノーダル分解の特徴について説明せよ．

6.3 三元系状態図におけるスピノーダル線の計算式について説明せよ．

解答

6.1 一次元濃度プロファイルの式を位置と時間で微分すると，

$$\frac{\partial c}{\partial t} = \frac{1}{2\pi} \int_k \frac{\partial Q}{\partial t} \exp(ikx) dk,$$

$$\left(\frac{\partial^2 c}{\partial x^2}\right) = \frac{1}{2\pi} \int_k (-k^2) Q \exp(ikx) dk,$$

$$\left(\frac{\partial^4 c}{\partial x^4}\right) = \frac{1}{2\pi} \int_k k^4 Q \exp(ikx) dk$$

となる．これらを微分方程式に代入し，振幅成分のみを取り出すことにより，

$$\frac{\partial Q(k,t)}{\partial t} = (-\widetilde{D}k^2 - 2\widetilde{K}k^4) Q(k,t)$$

を得る．この式は変数分離の一階の常微分方程式であるので，初等的に解けて，

$$Q(k,t) = Q(k,0) \exp\{(-\widetilde{D}k^2 - 2\widetilde{K}k^4)t\} = Q(k,0) \exp\{R(k)t\}$$

と表現される．$R(k) \equiv -\widetilde{D}k^2 - 2\widetilde{K}k^4$ は（濃度）振幅拡大係数と呼ばれる．ただし時間 0 における濃度振幅を $Q(k,0)$ とした．これより，濃度プロファイルは，

$$c(x,t) = \frac{1}{2\pi} \int_k [Q(k,0) \exp\{R(k)t\}] \exp(ikx) dk$$

となる．この式は，時間の進行に伴い発散してしてしまうため（後述参照），相分離初期の挙動しか議論できないが，スピノーダル分解は相分離初期の現象であるので，この式を用いて，スピノーダル分解の特徴を知ることができる（次の問 6.2 を参照）．

6.2 上の問 6.1 の振幅拡大係数：$R(k) \equiv -\widetilde{D}k^2 - 2\widetilde{K}k^4$ において，$\widetilde{D}$ と $\widetilde{K}$ の理論式は，$\widetilde{D} \equiv M_c(c_0, T)(\partial^2 G_m^\alpha/\partial c^2)$, $\widetilde{K} \equiv M_c(c_0, T)\kappa_c$ である．$(\partial^2 G_m^\alpha/\partial c^2)$ は濃度の関数であるが，ここでは $\widetilde{D}$ と $\widetilde{K}$ を位置に依存しない定数と仮定したので（温度依存性はあってもよい），$(\partial^2 G_m^\alpha/\partial c^2)$ を合金組成の関数と近似する．スピノーダル分解では，その定義から $(\partial^2 G_m^\alpha/\partial c_2) < 0$ である．物理的に $M_c(c_0, T) > 0$ および $\kappa_c > 0$ であるので，$\widetilde{D} < 0$ および $\widetilde{K} > 0$

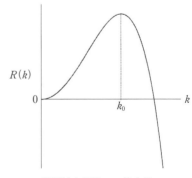

振幅拡大係数の k 依存性

となる．したがって，関数 $R(k)\equiv-\widetilde{D}k^2-2\widetilde{K}k^4$ は，右図のような形になる．上の設問より，

$$c(x,t)=\frac{1}{2\pi}\int_k[Q(k,0)\exp\{R(k)t\}]\exp(ikx)dk$$

であるので，波数 k の濃度濃度プロファイル $c(x,t)$ の濃度振幅は $Q(k,0)\exp\{R(k)t\}$，波長 λ は $\lambda=2\pi/k$ である．したがって $R(k)$ の最大値を与える波数 $k=k_0$ の濃度波の濃度振幅が，相分離初期に優先的に成長する（フーリエ積分は，波長の異なる濃度波の重ね合わせであることを思い出そう）．もちろん他の波数の濃度波も存在するが，指数関数 $\exp\{R(k)t\}$ によって，波数 $k=k_0$ 以外の波は相対的に減衰してしまう．$R(k)$ の最大値を与える波数 $k=k_0$ は，$dR/dk=0$ より，$k_0=(1/2)\sqrt{-\widetilde{D}/\widetilde{K}}$ と計算される．また式(6-1)を濃度で二階微分すると

$$\frac{\partial^2 G_{\mathrm{m}}^{\alpha}}{\partial c^2}=-2L_{\mathrm{A,B}}^{\alpha}+\frac{RT}{c(1-c)}$$

であるので，

$$\widetilde{D}\equiv M_{\mathrm{c}}(c_0,T)\left(-2L_{\mathrm{A,B}}^{\alpha}+\frac{RT}{c_0(1-c_0)}\right),\quad \widetilde{K}\equiv M_{\mathrm{c}}(c_0,T)\kappa_{\mathrm{c}}$$

となり，これより，k_0 は

$$k_0=\frac{1}{2}\sqrt{\frac{2L_{\mathrm{A,B}}^{\alpha}\,c_0(1-c_0)-RT}{\kappa_{\mathrm{c}}c_0(1-c_0)}}$$

となる．$L_{\mathrm{A,B}}^{\alpha}$ が大きいほど，温度が低いほど，また κ_{c} が小さい（界面エネルギーが小さい）ほど，k_0 は大きくなり，したがって，スピノーダル分解の優先波長が短く，組織が細かくなることがわかる．

6.3 A-B-C 三成分系の自由エネルギーを $f(c_{\mathrm{A}},c_{\mathrm{B}})$ とする．溶質の収支条件から $c_{\mathrm{C}}=1-c_{\mathrm{A}}-c_{\mathrm{B}}$ であるので，独立変数として $c_{\mathrm{A}},c_{\mathrm{B}}$ を採用する．$f(c_{\mathrm{A}},c_{\mathrm{B}})$ を組成 $(c_{0\mathrm{A}},c_{0\mathrm{B}})$ の周りで，二次のオーダーまでテイラー展開した関数を $f_{\mathrm{II}}(c_{\mathrm{A}},c_{\mathrm{B}})$ とおく．$f_{\mathrm{II}}(c_{\mathrm{A}},c_{\mathrm{B}})$ は，

$$f_{\mathrm{II}}(c_{\mathrm{A}},c_{\mathrm{B}})=f(c_{0\mathrm{A}},c_{0\mathrm{B}})+\left[\frac{\partial f_0}{\partial c_{\mathrm{A}}}(c_{\mathrm{A}}-c_{0\mathrm{A}})+\frac{\partial f_0}{\partial c_{\mathrm{B}}}(c_{\mathrm{B}}-c_{0\mathrm{B}})\right]$$

$$+\frac{1}{2}\left\{\frac{\partial^2 f_0}{\partial c_{\mathrm{A}}^2}(c_{\mathrm{A}}-c_{0\mathrm{A}})^2+2\frac{\partial^2 f_0}{\partial c_{\mathrm{A}}\partial c_{\mathrm{B}}}(c_{\mathrm{A}}-c_{0\mathrm{A}})(c_{\mathrm{B}}-c_{0\mathrm{B}})+\frac{\partial^2 f_0}{\partial c_{\mathrm{B}}^2}(c_{\mathrm{B}}-c_{0\mathrm{B}})^2\right\}$$

にて表現される．曲面 $f(c_{\mathrm{A}},c_{\mathrm{B}})$ の曲がり具合は，曲面上の着目している個々の点 $(c_{0\mathrm{A}},c_{0\mathrm{B}})$ 近傍のみを調べればよいので，$f_{\mathrm{II}}(c_{\mathrm{A}},c_{\mathrm{B}})$ を用いて議論できる．ここでテイラー展開の幾何学的意味について考えてみよう．0 次の展開項 $f(c_{0\mathrm{A}},c_{0\mathrm{B}})$ は，着目している点 $(c_{0\mathrm{A}},c_{0\mathrm{B}})$ における関数値である．一次の展開項（右辺第二項）は，

点 (c_{0A}, c_{0B}) における接平面を表している．二次の展開項（右辺第三項）は，その接平面からのずれを二次曲面近似したものである．したがって，曲面の曲がり具合のみを知りたいのであれば，二次の展開項に着目すればよい．あらためて，二次の展開項を

$$Z \equiv \frac{1}{2}\left\{\frac{\partial^2 f_0}{\partial c_A^2}(c_A - c_{0A})^2 + 2\frac{\partial^2 f_0}{\partial c_A \partial c_B}(c_A - c_{0A})(c_B - c_{0B}) + \frac{\partial^2 f_0}{\partial c_B^2}(c_B - c_{0B})^2\right\}$$

と記すと，当然ではあるが，二次曲面の標準的な形：

$$z = \frac{1}{2}(ax^2 + 2bxy + cy^2) = \frac{1}{2}(x, y)\begin{pmatrix} a & b \\ b & c \end{pmatrix}\begin{pmatrix} x \\ y \end{pmatrix}$$

に対応することがわかる（接点が原点で，接平面が $(x\text{-}y)$ 平面となる xyz 座標系における二次曲面）．

　二次曲面であるので，主曲率は二つ（着目している点における最大の曲率と最小の曲率）あり，変曲点の定義は，主曲率のうちの一つがゼロとなる場合に対応する（二つの主曲率がどちらとも正，もしくはどちらとも負の場合には，それぞれ二次曲面における極小または極大に対応し，二つの主曲率の符号が異なる場合には，曲面は馬の鞍型になる）．二つの主曲率の積がガウス曲率 K であるので，変曲点はガウス曲率が $K=0$ である条件に等しい．ガウス曲率は，

$$K = \det\begin{pmatrix} a & b \\ b & c \end{pmatrix} = ac - b^2$$

にて与えられるので（det は行列式を表す），ここでは，

$$\begin{vmatrix} \dfrac{\partial^2 f}{\partial c_A^2} & \dfrac{\partial^2 f}{\partial c_A \partial c_B} \\ \dfrac{\partial^2 f}{\partial c_B \partial c_A} & \dfrac{\partial^2 f}{\partial c_B^2} \end{vmatrix} = \left(\dfrac{\partial^2 f}{\partial c_A^2}\right)\left(\dfrac{\partial^2 f}{\partial c_B^2}\right) - \left(\dfrac{\partial^2 f}{\partial c_A \partial c_B}\right)^2 = 0$$

となって，これが三元系状態図におけるスピノーダル線を計算する基本式となる．

【参考】

金谷健一：形状 CAD と図形の数学（工系数学講座 19），共立出版（1998）．

計算組織学編

第 7 章

変位型変態のシミュレーション

　変位型変態（Displacive transformation）[1]の二次元フェーズフィールドシ
ミュレーションについて説明する．計算の対象は，Fe-Pt 合金における立方晶
から正方晶への格子変態である．Fe-Pt 二元系の中央組成付近の合金では，規
則-不規則変態（Order-disorder phase transition）によって，温度の低下に伴
い，高温で安定な不規則 A1(fcc)構造が L1$_0$ 規則構造へ変態し（**図 7.1** 参照），
同時に結晶構造も立方晶から正方晶へと変化する．規則-不規則変態は，通常，
拡散変態に分類されており，規則-不規則変態と格子変態が同時進行する相変
態は，正確には拡散変位型変態と呼ばれる．しかしここでは，主として立方晶
から正方晶への格子変態に伴う組織形成の計算モデルを扱うので，言葉の正確
さには欠けるが，拡散変位型変態ではなく変位型変態と呼ぶことにする．

　本章で説明する計算モデルは，各種の形状記憶合金のマルテンサイト変態
や，誘電体の構造相転移などに活用できる．先の拡散変態の場合と同様，読者
はぜひとも手元のパソコンで計算を試みられたい（付録 A7 と A8 参照）．そ
して相変態がリアルタイムにて進行していく様子を楽しんでいただきたい．以
下計算手法について説明する．

7.1　計 算 手 法

　変態前後の相は A1(fcc)相および L1$_0$ 相で，結晶構造はそれぞれ立方晶およ
び正方晶である．本計算では変位型変態を扱うので濃度場は考慮しない．本計
算で考慮する秩序変数は，組織内における L1$_0$ 相の存在確率（つまり L1$_0$ 相
のフェーズフィールド）である．フェーズフィールド法では，この独立な秩序
変数を用いて全自由エネルギーを汎関数形式に定式化し，この全自由エネル

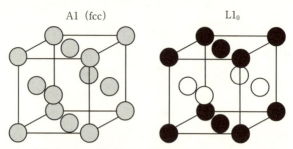

図7.1 A1(fcc)構造とL1$_0$構造の模式図．格子点の原子の明暗は，その格子点におけるPt原子の存在確率を表す．

ギーが効率よく減少するように，その秩序変数に関する発展方程式（この場合は非保存系における発展方程式(1-4)）が定義される．この発展方程式を数値計算することによって，秩序変数の時間および空間発展（すなわち組織形成過程）が算出される．以下，計算に用いる全自由エネルギーの評価式について説明する．

7.1.1　全自由エネルギーの定式化

全自由エネルギーG_{sys}は，化学的自由エネルギーG_m，勾配エネルギーE_{grad}，および弾性歪エネルギーE_{str}の総和として，$G_{sys}=G_m+E_{grad}+E_{str}$にて与えられる．本計算に用いる個々のエネルギーの計算式は以下のようにまとめられる．

（1）化学的自由エネルギー

L1$_0$相の秩序変数を$s_i(\mathbf{r},t), (i=1,2,3)$とする．$\mathbf{r}$は組織内の位置ベクトルで，$t$は時間である．添え字の$i$は，L1$_0$相の三つのバリアント（Variant）[1]を区別する自然数である（ここで考慮しているL1$_0$相は正方晶であるので，単位胞のc軸方向に依存して三つのバリアントが存在する）．s_iの変域は$-1 \leq s_i \leq 1$であり，$s_i^2(\mathbf{r},t)$が位置$\mathbf{r}$および時間tにおけるi番目のバリアントのL1$_0$相の存在確率を表す．A1(fcc)相の存在確率は，L1$_0$相が存在しない確率に等しいので，$1-\sum_{i=1}^{3} s_i^2(\mathbf{r},t)$にて与えられる．ここでは，変態を記述する化

学的自由エネルギー G_m を，秩序変数 s_i を用いたランダウ展開形式[2]にて，

$$G_\mathrm{m} = \int_\mathbf{r} f(s_1, s_2, s_3) d\mathbf{r},$$

$$f(s_1, s_2, s_3) \equiv \Delta G_\mathrm{m} \left\{ \begin{array}{l} \dfrac{A}{2}(s_1^2 + s_2^2 + s_3^2) + \dfrac{B}{4}(s_1^4 + s_2^4 + s_3^4) \\[2mm] + \dfrac{C}{6}(s_1^6 + s_2^6 + s_3^6) + \dfrac{D}{2}(s_1^2 s_2^2 + s_1^2 s_3^2 + s_2^2 s_3^2) \\[2mm] + \dfrac{E}{2}[s_1^4(s_2^2 + s_3^2) + s_2^4(s_1^2 + s_3^2) + s_3^4(s_1^2 + s_2^2)] + \dfrac{F}{2}s_1^2 s_2^2 s_3^2 \end{array} \right\}$$

$$(7\text{-}1)$$

と表現する．関数 $f(s_1, s_2, s_3)$ は一見複雑に見えるが，s_1, s_2, s_3 の入れ替えに関する対称性と，$s_i = \pm 1$ でエネルギーが同一であることから導かれる（なお s_i に関する 8 次以上の項は省略している）．係数の A, B, C は A1(fcc)相から L1$_0$ 相への駆動力に関係する．D, E, F はペナルティー項（s_1, s_2, s_3 が同一時間および同一場所で重なることを避けるために導入された項）の係数であるので，正の値を取る．一次相転移の場合，$s_i = 0$（A1(fcc)相）と $s_i = \pm 1$（L1$_0$ 相）の間にエネルギー障壁が存在しなくてはならない（A, B, C はこの条件も満たすように設定される）．ΔG_m は A1(fcc)相と L1$_0$ 相の自由エネルギー差で（ここでは $\Delta G_\mathrm{m} > 0$ とする），$-\Delta G_\mathrm{m}$ が A1(fcc)相から L1$_0$ 相への変態の駆動力となる（$f(1, 0, 0) - f(0, 0, 0) = -\Delta G_\mathrm{m}$）．式内の A, B，および C は基本的には独立な定数であるが，例えば A を用いて，B と C を $B = -4(3 + A)$，$C = 3(4 + A)$ と置くことによって，$f(s_1, s_2, s_3)$ は，$s_i = 0, \pm 1$ において極小を，$s_i = \pm\sqrt{A/(12 + 3A)}$ において極大を取ることが保障される．またこの極大におけるエネルギー障壁の大きさは，$\Delta G_\mathrm{m} A^2 (9 + 2A)/[27(4 + A)^2]$ となる．

【参考】

s_1 のみが値を持つ場合（$s_2 = s_3 = 0$）を考えると，$f(s_1, s_2, s_3)$ と，その一階および二階微分は，

$$f(s_1, 0, 0) = \Delta G_\mathrm{m} \left(\frac{A}{2} s_1^2 + \frac{B}{4} s_1^4 + \frac{C}{6} s_1^6 \right),$$

$$\frac{df}{ds_1} = \Delta G_\mathrm{m} (A s_1 + B s_1^3 + C s_1^5),$$

92　　第7章　変位型変態のシミュレーション

$$\frac{d^2f}{ds_1^2} = \Delta G_m(A + 3Bs_1^2 + 5Cs_1^4)$$

と表現される．$B = -4(3+A)$ および $C = 3(4+A)$ のとき，

$$f(s_1, 0, 0) = \Delta G_m s_1^2 \left\{ \frac{[(4+A)s_1^2 - (2+A)](s_1^2 - 1)}{2} - 1 \right\},$$

$$\frac{df}{ds_1} = \Delta G_m s_1(s_1^2 - 1)[(12 + 3A)s_1^2 - A],$$

$$\frac{d^2f}{ds_1^2} = \Delta G_m(A - 12As_1^2 + 15As_1^4 + 60s_1^4 - 36s_1^2)$$

となり，$df/ds_1 = 0$ より，$s_i = 0, \pm 1$，および $s_i = \pm\sqrt{A/(12 + 3A)}$ において極値を取ることがわかる．d^2f/ds_1^2 の符号から，これら極値が極小か極大であるかがわかる．また $f(0) = 0$ および $f(\pm 1) = -\Delta G_m$ となっている．

　さて本計算では二次元計算を対象とし，s_3 を考慮しないので，式(7-1)より G_m の s_i による汎関数微分は，それぞれ，

$$\frac{\delta G_m(s_1, s_2, 0)}{\delta s_1} = \Delta G_m s_1\{A + Bs_1^2 + Cs_1^4 + Ds_2^2 + Es_2^2(2s_1^2 + s_2^2)\}$$

$$\frac{\delta G_m(s_1, s_2, 0)}{\delta s_2} = \Delta G_m s_2\{A + Bs_2^2 + Cs_2^4 + Ds_1^2 + Es_1^2(2s_2^2 + s_1^2)\} \qquad (7\text{-}2)$$

となる．またパラメーターについては，本計算では，FePt 相の 873 K における A1(fcc)相と L1$_0$ 相の自由エネルギー差を合金状態図の熱力学的データベース［計算熱力学編］より計算し，$\Delta G_m = 3.82 \times 10^3$ [J/mol] とした[3]．また結晶変態に関しては弱い一次の相転移を仮定して $A = 0.1$ と仮定した．D と E は，異なるバリアントを持つドメイン（Domain）が同一箇所に共存しないようにするペナルティー項の係数であるので，適宜大きな値を設定すればよく，ここでは $D = E = 4$ とおいた．

　図7.2 は，式(7-1)において s_1 のみ考慮した自由エネルギー曲線で，縦軸のエネルギーは ΔG_m にて無次元化してある．$s_1 = 0$ のエネルギーの高い所が A1(fcc)相で，左右の $s_1 = \pm 1$ のエネルギーの低い所が L1$_0$ 相に対応する．小さくてわかりにくいが，曲線の中央（$s_1 = 0$ の位置）はへこんでおり，極小値となっている．また $s_1 = \pm 1$ において曲線の傾きはゼロとなっている．

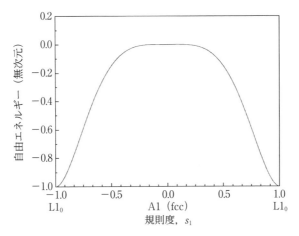

図 7.2 自由エネルギー曲線.

(2) 勾配エネルギー

勾配エネルギーについては,通常のフェーズフィールド法の取り扱いに従い,

$$E_{\text{grad}} = \frac{1}{2}\kappa_s \int_r [|\nabla s_1|^2 + |\nabla s_2|^2 + |\nabla s_3|^2] d\mathbf{r} \tag{7-3}$$

を用いて計算する.κ_s は勾配エネルギー係数で,本計算では定数:$\kappa_s = 1.5 \times 10^{-14}$ [J·m^2/mol] とした.式(7-3)の積分内で絶対値が使われている理由は,本解析では s_i の値に正負が許されており,$|s_i|$ が等しく符号が逆の状態のエネルギー密度が等しいことによるものである(つまり $s_i \rightarrow -s_i$ の変換において,エネルギーが不変であることに起因する).E_{grad} の s_i による汎関数微分は,

$$\frac{\delta E_{\text{grad}}}{\delta s_1} = -\kappa_s \nabla^2 s_1, \quad \frac{\delta E_{\text{grad}}}{\delta s_2} = -\kappa_s \nabla^2 s_2 \tag{7-4}$$

にて与えられる(付録 A1 参照).

(3) 弾性歪エネルギー

変位型変態は固相における結晶変態であるので,組織形態の安定性に弾性歪

エネルギーが大きく影響する．議論を簡潔にするために等方弾性体を仮定しよう．二次元計算では，バリアント p の変態歪 $\varepsilon_{ij}^{00}(p)$ は，$\varepsilon_{11}^{00}(1)=\varepsilon_{22}^{00}(2)=\eta_1$ および $\varepsilon_{22}^{00}(1)=\varepsilon_{11}^{00}(2)=\eta_2$ と定義され（他の $\varepsilon_{ij}^{00}(p)=0$），これより相変態に伴うアイゲン歪は，$s_i$ の関数として，

$$\varepsilon_{ij}^{0}(\mathbf{r})=\varepsilon_{ij}^{00}(1)s_1^2(\mathbf{r})+\varepsilon_{ij}^{00}(2)s_2^2(\mathbf{r}) \tag{7-5}$$

と表現される（$\varepsilon_{ij}^{00}(p)$ は位置の関数ではなく，秩序変数 $s_i(\mathbf{r})$ を通して，$\varepsilon_{ij}^{0}(\mathbf{r})$ が位置の関数となる点に注意しよう）．また物体表面には外部応力 σ_{ij}^{A} のみが作用していると仮定する（大気圧などは無視する）．一定外力 σ_{ij}^{A} の作用下における弾性歪エネルギーの基礎式は，通常の弾性歪エネルギーに外力によるポテンシャルエネルギーを加えて（式(4-52)参照），

$$E_{\mathrm{str}}=\frac{1}{2}\int_{\mathbf{r}} C_{ijkl}\, \varepsilon_{ij}^{\mathrm{el}}(\mathbf{r})\, \varepsilon_{kl}^{\mathrm{el}}(\mathbf{r})\, d\mathbf{r}-\sigma_{ij}^{A}\int_{\mathbf{r}}\varepsilon_{ij}^{c}(\mathbf{r})\, d\mathbf{r}$$
$$=\frac{1}{2}\int_{\mathbf{r}} C_{ijkl}\,\{\bar{\varepsilon}_{ij}^{c}+\delta\varepsilon_{ij}^{c}(\mathbf{r})-\varepsilon_{ij}^{0}(\mathbf{r})\}\{\bar{\varepsilon}_{kl}^{c}+\delta\varepsilon_{kl}^{c}(\mathbf{r})-\varepsilon_{kl}^{0}(\mathbf{r})\}\, d\mathbf{r}-\sigma_{ij}^{A}\bar{\varepsilon}_{ij}^{c} \tag{7-6}$$

と表現できる（この式には外力に起因するポテンシャルエネルギーも含まれているので，正確には力学系におけるギブスの自由エネルギーであるが，化学的自由エネルギーとの混乱を避けるために，ここでは弾性歪エネルギーと記す）．C_{ijkl} は弾性定数，$\varepsilon_{ij}^{\mathrm{el}}(\mathbf{r})$ は弾性歪で，$\varepsilon_{ij}^{c}(\mathbf{r})$ は全歪である（図 4.1 参照）．$\varepsilon_{ij}^{c}(\mathbf{r})$

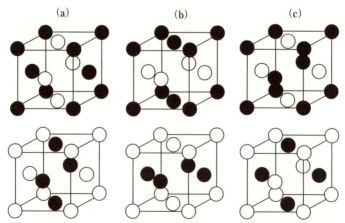

図 7.3 （a），（b）および（c）は L1$_0$ 構造の三種類のバリアントに対応し，上段と下段は同一バリアントで s が正負の場合に対応している．

を，$\varepsilon_{ij}^{c}(\mathbf{r}) = \bar{\varepsilon}_{ij}^{c} + \delta\varepsilon_{ij}^{c}(\mathbf{r})$ のように，空間平均値 $\bar{\varepsilon}_{ij}^{c}$ とそこからの変動量 $\delta\varepsilon_{ij}^{c}(\mathbf{r})$ に分ける（$\bar{\varepsilon}_{ij}^{c} = \int_{\mathbf{r}}\varepsilon_{ij}^{c}(\mathbf{r})d\mathbf{r}$ および $\int_{\mathbf{r}}\delta\varepsilon_{ij}^{c}(\mathbf{r})d\mathbf{r} = 0$ である）．σ_{ij}^{A} のもとでの力学的平衡状態において，$\bar{\varepsilon}_{ij}^{c}$ は条件式 $\partial E_{\mathrm{str}}/\partial\bar{\varepsilon}_{ij}^{c} = 0$ から決定され，式(7-6)より $\bar{\varepsilon}_{kl}^{c} = C_{ijkl}^{-1}\sigma_{ij}^{A} + \bar{\varepsilon}_{kl}^{0} = C_{klij}^{-1}\sigma_{ij}^{A} + \bar{\varepsilon}_{kl}^{0}$ が得られる（式(4-54)参照，また $C_{ijkl} = C_{klij}$ の関係を用いた）．C_{ijkl}^{-1} は弾性コンプライアンス（C_{ijkl} の逆テンソル）である．変態歪の空間平均値 $\bar{\varepsilon}_{kl}^{0}$ は，$\bar{\varepsilon}_{kl}^{0} \equiv \int_{\mathbf{r}}\varepsilon_{kl}^{0}(\mathbf{r})d\mathbf{r}$ にて定義される．

さて $\delta E_{\mathrm{str}}/\delta s_{p}$ を算出しよう．式(7-6)の被積分関数を，

$$e_{\mathrm{str}}(\mathbf{r}) \equiv \frac{1}{2}C_{ijkl}\,\varepsilon_{ij}^{\mathrm{el}}(\mathbf{r})\,\varepsilon_{kl}^{\mathrm{el}}(\mathbf{r}) - \sigma_{ij}^{A}\,\varepsilon_{ij}^{c}(\mathbf{r})$$

とすると，二次元計算では，

$$\begin{aligned}
\frac{\delta E_{\mathrm{str}}}{\delta s_{p}} &= \frac{\partial e_{\mathrm{str}}}{\partial s_{p}} = \frac{\partial e_{\mathrm{str}}}{\partial\varepsilon_{ij}^{0}}\frac{\partial\varepsilon_{ij}^{0}}{\partial s_{p}} = -C_{ijkl}\{\bar{\varepsilon}_{kl}^{c} + \delta\varepsilon_{kl}^{c}(\mathbf{r}) - \varepsilon_{kl}^{0}(\mathbf{r})\}\frac{\partial\varepsilon_{ij}^{0}}{\partial s_{p}}\\
&= 2s_{p}\,C_{ijkl}\,[\varepsilon_{kl}^{0}(\mathbf{r}) - \bar{\varepsilon}_{kl}^{0} - \delta\varepsilon_{kl}^{c}(\mathbf{r}) - \varepsilon_{kl}^{A}]\,\varepsilon_{ij}^{00}(p)\\
&= 2s_{p}[\varepsilon_{11}^{0}(\mathbf{r}) - \bar{\varepsilon}_{11}^{0} - \delta\varepsilon_{11}^{c}(\mathbf{r}) - \varepsilon_{11}^{A}]\{(\lambda+2\mu)\varepsilon_{11}^{00}(p) + \lambda\varepsilon_{22}^{00}(p)\}\\
&\quad + 2s_{p}[\varepsilon_{22}^{0}(\mathbf{r}) - \bar{\varepsilon}_{22}^{0} - \delta\varepsilon_{22}^{c}(\mathbf{r}) - \varepsilon_{22}^{A}]\{\lambda\varepsilon_{11}^{00}(p) + (\lambda+2\mu)\varepsilon_{22}^{00}(p)\} \qquad (7\text{-}7)
\end{aligned}$$

となる．ここで，$\partial\varepsilon_{ij}^{0}/\partial s_{p} = 2s_{p}\,\varepsilon_{ij}^{00}(p)$（式(7-5)参照），$\bar{\varepsilon}_{kl}^{c} = C_{ijkl}^{-1}\sigma_{ij}^{A} + \bar{\varepsilon}_{kl}^{0}$，および等方体を仮定して弾性定数は $C_{ijkl} = \lambda\delta_{ij}\delta_{kl} + \mu(\delta_{ik}\delta_{jl} + \delta_{il}\delta_{jk})$ を用いた（式(4-23)を参照）．δ_{ij} はクロネッカーデルタで，λ と μ はラーメの定数[4]である．また $\varepsilon_{kl}^{A} \equiv C_{ijkl}^{-1}\sigma_{ij}^{A}$ と定義した．次に $\delta\varepsilon_{ij}^{c}(\mathbf{r})$ の計算について説明する．まず秩序変数 $s_{p}(\mathbf{r})$ の二乗のフーリエ変換を，$s_{p}(\mathbf{k}) = \int_{\mathbf{r}}s_{p}^{2}(\mathbf{r})\exp(-i\mathbf{k}\mathbf{r})d\mathbf{r}$ と定義すると，変態歪 $\varepsilon_{ij}^{0}(\mathbf{r})$ のフーリエ変換は，式(7-5)より，

$$\varepsilon_{ij}^{0}(\mathbf{k}) = \varepsilon_{ij}^{00}(1)s_{1}(\mathbf{k}) + \varepsilon_{ij}^{00}(2)s_{2}(\mathbf{k}) \qquad (7\text{-}8)$$

にて与えられる．$\mathbf{k}$ はフーリエ空間における波数ベクトルである．$\delta\varepsilon_{kl}^{c}(\mathbf{k})$ は力学的平衡方程式（力のつり合い方程式）に基づき，

$$\delta\varepsilon_{ij}^{c}(\mathbf{k}) = \left\{\delta_{ik}\,n_{j}\,n_{l} - \frac{n_{i}\,n_{j}\,n_{k}\,n_{l}}{2(1-\nu)}\right\}\left(\frac{2\nu}{1-2\nu}\delta_{kl}\,\delta_{mn} + \delta_{km}\,\delta_{ln} + \delta_{kn}\,\delta_{lm}\right)\varepsilon_{mn}^{0}(\mathbf{k}) \qquad (7\text{-}9)$$

にて計算される（付録A4を参照）．ここで $\mathbf{n} \equiv \mathbf{k}/|\mathbf{k}|$ であり，ν はポアソン比（Poisson's ratio）である（$\nu = \lambda/\{2(\lambda+\mu)\}$）[4]．二次元計算（平面歪問題[4]）に対して，具体的に $\delta\varepsilon_{11}^{c}(\mathbf{k})$ と $\delta\varepsilon_{22}^{c}(\mathbf{k})$ を書き下すと，

$$\delta\varepsilon_{11}^{c}(\mathbf{k}) = \frac{1}{1-2\nu}\left[2(1-\nu)-n_1^2-\frac{\nu}{1-\nu}n_2^2\right]n_1^2\,\varepsilon_{11}^0(\mathbf{k})$$

$$+\frac{1}{1-2\nu}\left[2\nu-\frac{\nu}{1-\nu}n_1^2-n_2^2\right]n_1^2\,\varepsilon_{22}^0(\mathbf{k})$$

$$\delta\varepsilon_{22}^{c}(\mathbf{k}) = \frac{1}{1-2\nu}\left[2\nu-n_1^2-\frac{\nu}{1-\nu}n_2^2\right]n_2^2\,\varepsilon_{11}^0(\mathbf{k})$$

$$+\frac{1}{1-2\nu}\left[2(1-\nu)-\frac{\nu}{1-\nu}n_1^2-n_2^2\right]n_2^2\,\varepsilon_{22}^0(\mathbf{k}) \tag{7-10}$$

が得られる（本計算では $\varepsilon_{ij}^0(\mathbf{r})$ において $i\neq j$ の項は全て 0 である点に注意）. $\delta\varepsilon_{ij}^c(\mathbf{r})$ は，数値計算にてこの $\delta\varepsilon_{ij}^c(\mathbf{k})$ を逆フーリエ変換することによって得られる.

　計算に用いた各パラメーター値は，$\mu=1.235\times10^{11}\,\text{Pa}, \lambda=1.500\times10^{11}\,\text{Pa},$ $\eta_1=-0.06, \eta_2=0.06, \sigma_{11}^A=0\,\text{MPa}$ と $500\,\text{MPa}$ （他の外部応力成分はゼロ），および $a_0=0.36468\,\text{nm}$ （純 Fe(fcc) の格子定数）である[5]. a_0 は格子定数で，モル体積の計算に使用している. 例えば結晶構造が fcc である場合を考えると，単位胞内に原子は四個分含まれているので，モル体積は $N_{Av}\,a_0^3/4$ にて計算される（N_{Av} はアボガドロ数）.

7.1.2　発展方程式

　発展方程式は，非保存場の発展方程式となるので，

$$\frac{\partial s_1}{\partial t}=-M_s\frac{\delta G_{sys}}{\delta s_1}, \quad \frac{\partial s_2}{\partial t}=-M_s\frac{\delta G_{sys}}{\delta s_2} \tag{7-11}$$

を使用する（式(1-4)参照）. $G_{sys}=G_m+E_{grad}+E_{str}$ であるので，右辺の汎関数微分は，

$$\frac{\delta G_{sys}}{\delta s_1}=\frac{\delta G_m}{\delta s_1}+\frac{\delta E_{grad}}{\delta s_1}+\frac{\delta E_{str}}{\delta s_1}, \quad \frac{\delta G_{sys}}{\delta s_2}=\frac{\delta G_m}{\delta s_2}+\frac{\delta E_{grad}}{\delta s_2}+\frac{\delta E_{str}}{\delta s_2}$$

となる. M_s は変位型変態の緩和係数である（本解析では定数と仮定する）. これより無次元化した方程式は，

$$\frac{\partial s_1}{\partial(tM_s\,RT)}=-\frac{\delta(G_{sys}/RT)}{\delta s_1}, \quad \frac{\partial s_2}{\partial(tM_s\,RT)}=-\frac{\delta(G_{sys}/RT)}{\delta s_2} \tag{7-12}$$

となる（M_s の次元が $[\text{J}\cdot\text{s}]^{-1}$ である点に注意しよう）. エネルギーは RT にて，また時間は $M_s\,RT$ を用いて無次元化している.

7.2 計算結果

図7.4は873KにおけるA1(fcc)相からL1₀相への変態の二次元シミュレーションである（外力$\sigma_{11}^A=0$の場合）．黒は立方晶A1(fcc)，白と灰色部分が正方晶のL1₀相で，s_1とs_2の値と明暗の対応は，図7.4(f)に示してある．正方晶のc軸方向は，s_1が横方向で，s_2が縦方向である．またL1₀相の正方晶比（c/a）は1よりも小さい（c軸方向に縮んだ単位胞）．図7.4の紙面が結晶の(001)面で，横方向が[100]および縦が[010]方向である．t'は無次元化した時間である．相分解の初期状態(a)は立方晶内に細かいL1₀相を乱数を用いて分散させた組織である．変態初期において，ほぼ均一なドメイン組織が形成され(b)，時間の進行に伴い45°に傾いた双晶組織[6]へと変化していく．s_1とs_2の界面は双晶界面であり，s_1（またはs_2）の正負の界面はL1₀規則相の逆位相境界である．

双晶組織が形成される理由は変態歪の緩和にある．これを，**図7.5**を用い

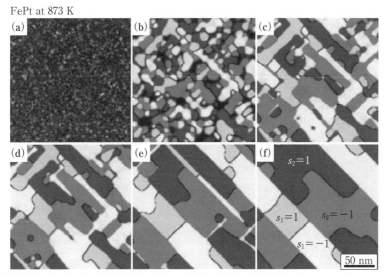

図7.4 FePtにおけるA1→L1₀構造相転移の二次元シミュレーション，（a）$t'=0$，（b）$t'=5$，（c）$t'=25$，（d）$t'=50$，（e）$t'=150$，（f）$t'=500$．

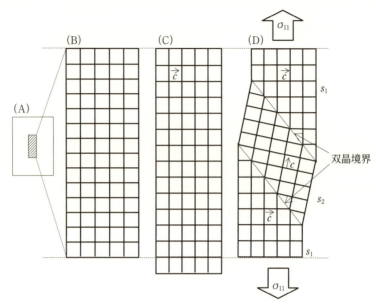

図7.5 結晶変態によって形成される双晶の模式図.

て説明しよう．まず(A)は格子変態前の母相（立方晶）であり，中央の斜線部分がこれから格子変態によって正方晶に変化する場合を考える．格子変態前の(A)の斜線部を拡大した図が(B)である．(B)全体が均一に正方晶に変態すると，横方向に縮み縦方向に伸びた図(C)となる（図中の矢印付きの c は，正方晶の c 軸方向を表し，特にここでは格子変態によって，c 軸方向に縮み a 軸方向に伸びる場合を描いている）．しかし図(A)に見るように，周囲には未変態の立方晶が存在しているので，図(C)のように変態しようとしても周囲から拘束を受け，均一な変態ができない．そこで図(D)に示すように双晶欠陥を導入すると，(B)の状態から上下左右の長さをほとんど変化させずに，結晶変態が可能となる．つまり双晶欠陥を導入することによって，体積歪を緩和させつつ結晶変態を進行させることができるのである．

次に図(D)の上下方向に引張りの外部応力を作用させた場合を考えてみよう．図(D)の形態を保ったまま上下に弾性変形するよりも，双晶境界が移動して，s_1 ドメインが成長し s_2 ドメインが消滅して(C)のようになれば，外部応

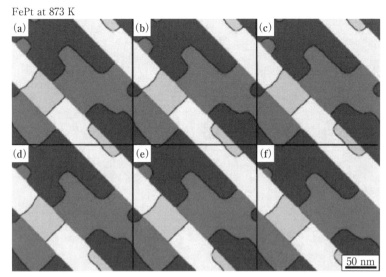

図 7.6 外力下における組織変化（初期組織：図 7.4(f)の場合），(a) $t'=0$, (b) $t'=5$, (c) $t'=10$, (d) $t'=20$, (e) $t'=50$, (f) $t'=250$.

力に伴う弾性歪を緩和できるはずである．つまり外力によってドメイン組織は変化すると考えられる．この点に関して計算を行った結果を次に説明する．

図 7.6 と図 7.7 は，上下方向に 500 MPa の引張応力を作用させた状態での組織変化で，それぞれ初期組織に図 7.4(f)および図 7.4(a)を用いた．つまり図 7.6 は変態が完了した組織に応力を作用させたときの組織変化過程で，図 7.7 は核形成初期の組織に外力を作用させたときの組織形成過程である．引張応力を上下方向に作用させているので，c 軸が横方向に縮んだ単位胞を持つ s_1 ドメインの方が s_2 ドメインよりもエネルギー的に安定となる．また図 7.6 と図 7.7 の(a)〜(f)の時間はそれぞれ等しい．図 7.6 では組織全体の形態変化はほとんどなく，応力の影響は認められない．一方，図 7.7 では，s_1 ドメインの方が，s_2 ドメインよりも優先的に成長し，組織はいち早く s_1 単一ドメインとなる．図 7.6 と図 7.7 の比較から，変態初期の核形成段階に外部応力を作用させることが，単一ドメイン形成に効果的に働くことが理解できる[7]．

100   第7章 変位型変態のシミュレーション

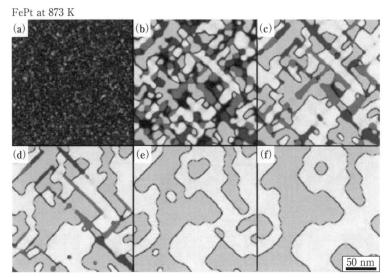

図7.7 外力下における組織変化（初期組織：図7.4(a)の場合），（a）$t'=0$，（b）$t'=5$，（c）$t'=10$，（d）$t'=20$，（e）$t'=50$，（f）$t'=250$.

7.3 ま と め

　本章では変位型変態の計算例を示した．本解析手法は，特にナノおよびメゾスケールにおける規則-不規則変態やマルテンサイト変態の微視的機構の本質解明に役立つと考えられる．また本計算から全歪（拘束歪）の平均値（局所的な拘束歪値の空間平均）も得られるので，例えばマルテンサイト変態において，周期的な外力に対する全歪の平均値を計算すれば，形状記憶現象における応力-歪曲線の微視的機構を考察することができる．本計算手法は誘電体の構造相転移にも適用できるので，分極ドメイン組織形成や分極ヒステリシスの解析においても有用である[8]．ナノおよびメゾスケールにおける各種センサー・アクチュエータなどの設計シミュレーションとしても，工学的に本計算手法は役立つであろう．

　また本章の計算プログラムには，高速フーリエ変換（Fast fourier transformation）のサブルーチン[9]が含まれている．したがって，このプログラムを

改良することによって，パワースペクトル[9]や自己相関[9]を計算するプログラムも作成できる．また本稿の弾性場の計算はマイクロメカニクスの数値計算になっているので，マイクロメカニクス分野の各種応用数値計算にも拡張することができる．

参 考 文 献

[1]　榎本正人：金属の相変態，内田老鶴圃（2000）.

[2]　中野藤生，木村初男，相転移の統計熱力学，朝倉書店（1988）.

[3]　P. Fredriksson and B. Sundman：CALPHAD, **25**（2001）, 535.

[4]　中村喜代次，森　教安：連続体力学の基礎，コロナ社（1998）.

[5]　日本金属学会 編：金属データブック，丸善（2004）.

[6]　堂山昌男，山本良一 編：機能性金属材料，東京大学出版会（1985）.

[7]　小山敏幸：まてりあ，**48**（2009）, 555.

[8]　T. Koyama and H. Onodera：Mater. Trans., **50**（2009）, 970.

[9]　佐川雅彦，貴家仁志：高速フーリエ変換とその応用，昭晃堂（1993）.

102　第 7 章　変位型変態のシミュレーション

第 7 章 問　題

7.1　複素フーリエ級数と複素フーリエ積分の関係について説明せよ.

7.2　実関数 $f(x)$ の複素フーリエ変換を $C(k)$ とする. 一般に $C(k)$ は複素数になるが, $f(x)$ が実関数であるため, $C(k)$ にはある関係が存在する. この関係について説明せよ.

7.3　実関数 $f(x)$ の複素フーリエ変換 $C(k)$ を用いて, $f(x)$ の一階微分 df/dx および二階微分 d^2f/dx^2 を計算する方法を説明せよ.

解答

7.1　周期 L を持つ周期関数 $f(x)$ のフーリエ級数は,

$$f(x)=\sum_{n=-\infty}^{\infty} C_n \exp\left(2\pi in\frac{x}{L}\right)=\sum_{n=-\infty}^{\infty} C(k_n)\exp(ik_n x) \tag{1}$$

にように表現され (波数 k_n は $k_n \equiv 2\pi n/L$ にて定義される), 係数 $C(k_n)$ は,

$$C(k_n)=\frac{1}{L}\int_{-L/2}^{L/2} f(x)\exp(-ik_n x)dx \tag{2}$$

と計算される. 式 (2) を式 (1) に代入すると,

$$f(x)=\sum_{n=-\infty}^{\infty}\left[\frac{1}{L}\int_{-L/2}^{L/2} f(x')\exp(-ik_n x')dx'\right]\exp(ik_n x)$$

となる. ここで $\Delta k \equiv k_n-k_{n-1}$ と置くと, $k_n \equiv 2\pi n/L$ より $\Delta k=2\pi/L$ であるから,

$$f(x)=\sum_{n=-\infty}^{\infty}\left[\frac{1}{L}\int_{-L/2}^{L/2} f(x')\exp(-ik_n x')dx'\right]\exp(ik_n x)$$

$$=\frac{1}{2\pi}\sum_{n=-\infty}^{\infty}\left[\int_{-L/2}^{L/2} f(x')\exp(-ik_n x')dx'\right]\exp(ik_n x)\frac{2\pi}{L}$$

$$=\frac{1}{2\pi}\sum_{n=-\infty}^{\infty}\left[\int_{-L/2}^{L/2} f(x')\exp(-ik_n x')dx'\right]\exp(ik_n x)\Delta k$$

と変形でき, 極限操作 $L\to\infty, \Delta k\to 0$ を施すと, 和は積分になり, 連続変数となった k_n を $k_n\to k$ と置き直して,

$$f(x)=\frac{1}{2\pi}\int_{-\infty}^{\infty}\left[\int_{-\infty}^{\infty} f(x')\exp(-ikx')dx'\right]\exp(ikx)dk$$

第7章　問　題　　103

を得る．これより，複素フーリエ積分が

$$C(k)=\int_{-\infty}^{\infty}f(x')\exp{(-ikx')}dx'=\int_{-\infty}^{\infty}f(x)\exp{(-ikx)}dx,$$

$$f(x)=\frac{1}{2\pi}\int_{-\infty}^{\infty}C(k)\exp{(ikx)}dk \tag{3}$$

と表現できることがわかる（特に L が消える部分と，$1/(2\pi)$ が現れる部分を理解することが重要である）．

7.2　式（3）より，実関数 $f(x)$ は，複素フーリエ積分にて

$$f(x)=\frac{1}{2\pi}\int_{-\infty}^{\infty}C(k)\exp(ikx)dk \tag{4}$$

と表現される．$C(k)$ は複素数であるので，

$$C(k)=C_{\mathrm{R}}(k)+iC_{\mathrm{I}}(k) \tag{5}$$

と表してみよう．これを式（4）に代入して整理することにより，

$$\begin{aligned}
f(x)&=\frac{1}{2\pi}\int_{-\infty}^{\infty}C(k)\exp{(ikx)}dk\\
&=\frac{1}{2\pi}\int_{-\infty}^{\infty}[C_{\mathrm{R}}(k)+iC_{\mathrm{I}}(k)][\cos(kx)+i\sin(kx)]dk\\
&=\frac{1}{2\pi}\int_{-\infty}^{\infty}\begin{bmatrix}C_{\mathrm{R}}(k)\cos(kx)-C_{\mathrm{I}}(k)\sin(kx)\\iC_{\mathrm{R}}(k)\sin(kx)+iC_{\mathrm{I}}(k)\cos(kx)\end{bmatrix}dk\\
&=\frac{1}{2\pi}\int_{-\infty}^{\infty}[C_{\mathrm{R}}(k)\cos(kx)-C_{\mathrm{I}}(k)\sin{(kx)}]dk\\
&\quad+\frac{1}{2\pi}i\int_{-\infty}^{\infty}[C_{\mathrm{R}}(k)\sin(kx)+C_{\mathrm{I}}(k)\cos(kx)]dk\\
&=\frac{1}{2\pi}\int_{-\infty}^{\infty}[C_{\mathrm{R}}(k)\cos(kx)-C_{\mathrm{I}}(k)\sin(kx)]dk \tag{6}
\end{aligned}$$

となる．関数 $f(x)$ は実関数であるので，右辺の第四番目の式で，第二項はゼロにならなくてはならない．したがって，$C_{\mathrm{R}}(k)$ は偶関数および $C_{\mathrm{I}}(k)$ は奇関数でなくてはならない（$\cos(kx)$ は偶関数，$\sin(kx)$ は奇関数である）．すなわち，

$$C_{\mathrm{R}}(-k)=C_{\mathrm{R}}(k),\quad C_{\mathrm{I}}(-k)=-C_{\mathrm{I}}(k) \tag{7}$$

が成立する．なおこれらの条件は，まとめて $C(-k)=C^{*}(k)$ とも表記できる（上付き記号の $*$ は複素共役を意味する）．

7.3　式（4）を用いて，$f(x)$ の一階微分 df/dx および二階微分 d^2f/dx^2 は以下のように表現できる．

$$\frac{df}{dx} = \frac{1}{2\pi}\int_{-\infty}^{\infty}(ik)C(k)\exp(ikx)dk,$$

$$\frac{d^2f}{dx^2} = \frac{1}{2\pi}\int_{-\infty}^{\infty}(-k^2)C(k)\exp(ikx)dk \tag{8}$$

これに式（5）を代入し，式（7）の関係式を用いて整理すると，

$$\frac{df}{dx} = \frac{1}{2\pi}\int_{-\infty}^{\infty}(ik)C(k)\exp(ikx)dk$$

$$= \frac{1}{2\pi}\int_{-\infty}^{\infty}\begin{bmatrix} ikC_R(k)\cos(kx) - ikC_I(k)\sin(kx) \\ -kC_R(k)\sin(kx) - kC_I(k)\cos(kx) \end{bmatrix}dk$$

$$= \frac{1}{2\pi}\int_{-\infty}^{\infty}[(-k)C_I(k)\cos(kx) - kC_R(k)\sin(kx)]dk$$

$$= \frac{1}{2\pi}\int_{-\infty}^{\infty}C^{(1)}(k)\exp(ikx)dk$$

および

$$\frac{d^2f}{dx^2} = \frac{1}{2\pi}\int_{-\infty}^{\infty}(-k^2)C(k)\exp(ikx)dk$$

$$= \frac{1}{2\pi}\int_{-\infty}^{\infty}\begin{bmatrix} (-k^2)C_R(k)\cos(kx) - (-k^2)C_I(k)\sin(kx) \\ i(-k^2)C_R(k)\sin(kx) + i(-k^2)C_I(k)\cos(kx) \end{bmatrix}dk$$

$$= \frac{1}{2\pi}\int_{-\infty}^{\infty}[(-k^2)C_R(k)\cos(kx) - (-k^2)C_I(k)\sin(kx)]dk$$

$$= \frac{1}{2\pi}\int_{-\infty}^{\infty}C^{(2)}(k)\exp(ikx)dk$$

となる．ここで

$$C^{(1)}(k) \equiv (-k)C_I(k) + ikC_R(k) = k\{-C_I(k) + iC_R(k)\},$$

$$C^{(2)}(k) \equiv (-k^2)C_R(k) + i(-k^2)C_I(k) = k^2\{-C_R(k) - iC_I(k)\}$$

と置いた．つまり一階微分 df/dx は，実部を $(-k)C_I(k)$ および虚部を $kC_R(k)$ とおいた関数の複素逆フーリエ変換として，また二階微分 d^2f/dx^2 は，実部を $(-k^2)C_R(k)$ および虚部を $(-k^2)C_I(k)$ おいた関数の複素逆フーリエ変換として計算できる．特に一階微分では，$C_I(k)$ が実部にくる（$C_R(k)$ が虚部にくる）点に注意すること．微分操作は一階ごとに k を乗ずるという簡単な操作となる．例えば，ハチャトリアンの弾性歪エネルギー評価の際に使用される微分方程式（式(4-33)）を解くのに，フーリエ変換が活用されるのはこの理由による．

計算組織学編

第8章

おわりに

多変数系の非線形現象を扱う分野において，現象の予測は工学的に非常に重要な課題であるが，理論のみでこれを達成することは原理的に不可能である．つまり複雑な組織形成の予測を実現する夢の計算手法は，少なくとも近未来的には存在しないであろう．しかし実験データと理論を併用して，実際の組織形成を定量的にモデル化することは不可能ではないと思われる．したがって，多変数系の非線形現象を扱う分野では，不可能なことを追い求めるよりも，可能な部分を系統的かつ定量的に積み上げ，それをモデル化・データベース化していく方法論が現実的であると思う．

著者のフェーズフィールド法の活用もこの立場に立っている．以下では，フェーズフィールド法を材料設計やプロセスシミュレーションにどのように活用すると効果的かについて説明する．また上記の考え方を支える具体的な方法論に，フェーズフィールド法と機械学習の連携があるので，これについても言及する．

8.1 組織形成のモデル化法としてのフェーズ
フィールド法

合金状態図研究分野の歴史的発展過程から，フェーズフィールド法の活用法に示唆が得られる．過去およそ半世紀にわたり，合金状態図の熱力学データベースの蓄積が進められ，合金状態図計算は Thermo-Calc や Pandat などの市販のソフトを中心に実用段階を迎えている（[計算熱力学編] 参照）．フェーズフィールド法による材料組織設計は，この状態図分野にて実証された研究手法を，材料組織形成一般に拡張した方法論と見なすと理解しやすい．以下ではま

105

ず初めに合金状態図の研究分野における研究手法を概観し，続いてこれを組織形成一般に拡張する考え方を説明する．

　計算による合金状態図研究の分野は，「理論状態図」と「計算状態図」に大別される．

　「理論状態図」は，実験データなしに理論的な面から状態図を計算することを目的とした分野であり，例えば，電子論の第一原理計算による内部エネルギー評価とクラスター変分法[1]によるエントロピー計算を併用した状態図計算法がその典型例である．つまり，究極的には周期表のみから状態図を非経験的に算出することを目指した研究である．もちろん，これは最も理想的な状態図計算の論理であるが，現時点では未だ，現実の状態図を日常的に再現できるまでには至っていない．

　一方，「計算状態図」は，CALPHAD 法に代表される状態図の研究手法である．これは，状態図に関係するあらゆる実験データを利用して（最近では，第一原理計算に基づく計算データも活用される），現実の状態図を正確に再現できるように，化学的自由エネルギー関数をフィッティングによって決定する方法である．化学的自由エネルギー関数としては，通常，副格子モデルが採用される（［計算熱力学編］参照）．副格子モデルにおける自由エネルギー関数の近似の精度は，クラスター変分法に比較すれば低い．しかし現実の状態図を定量的に再現でき，かつ自由エネルギーが比較的単純な関数にて表現できるので，実用的な利点は非常に大きい．つまり「計算状態図」はモデルの精度を若干犠牲にして，実用性を優先した方法論である．

　この計算状態図の利点の一つに，状態図研究に必要な実験数の低減を挙げることができる．例えば実験のみから状態図を決定するために 100 個の試料が必要である場合を考えると，計算を併用すれば 10 個の試料で済む場合がある．いわば合金組成 1% おきの試料を実験して状態図を実験的に決定する場合と，10% おきの実験とそのデータを用いた計算状態図解析が同じ結果をもたらすことを意味する．また実験困難な温度および組成における状態図を，実験可能な状態図データから補完することもできる．自由エネルギー式が，現実の平衡状態図を正確に再現する自由エネルギーとなっているので，準安定状態の解析や，駆動力を基礎とした速度論の議論を，現実の平衡状態図に対応させて定量

8.1 組織形成のモデル化法としてのフェーズフィールド法　　107

的に行うことができる.

さらにこの「計算状態図」を有用せしめた要因は, 熱力学データベースという概念である. ある特定の合金系の自由エネルギー関数が既知であるだけならば, 単にその合金系特有の各論としての実用性しかない. しかし各種の二元, 三元ひいては多元系の自由エネルギーが全て, 副格子モデルを基礎とした自由エネルギー関数にて表現されたことによって, 熱力学データベースという構想が生まれ, 各論を超えた汎用的な状態図の活用が可能となったわけである (いわば, データベースとは各論を一般論に変換するマジックである).

さて以上の考え方は, 状態図を対象とした方法論であるが, フェーズフィールド法を用いた材料設計は, この「計算状態図」の概念を組織形成にまで拡張したアプローチと考えると理解しやすい. すなわち, 「理論状態図」に対応する概念を「理論組織形成」, ならびに「計算状態図」に対応する概念を「計算組織形成」とする (「理論組織形成」および「計算組織形成」は仮に設定した

表8.1 「計算状態図」と「計算組織形成」の比較.

	計算状態図	計算組織形成
エネルギー	・化学的自由エネルギー	・全自由エネルギー 　(化学的自由エネルギー 　　＋ 界面エネルギー 　　＋ 弾性歪エネルギー 　　＋ 電磁気エネルギー)
エネルギー評価法	・CALPHAD 法 　(副格子モデル)	・フェーズフィールド法 ・CALPHAD 法 (副格子モデル) ・(秩序変数勾配)^2 近似 ・マイクロメカニクス ・マイクロマグネティクス ・強誘電体ドメイン形成理論
エネルギー 減少過程の計算	・線形計画法 ・最急降下法	・非線形発展方程式 (式(1-2)〜式(1-4)) ・カーン-ヒリアード方程式 (式(6-7)) ・アレン-カーン方程式 (式(7-11)) ・ランダウ-リフシッツ-ギルバート方程式
表現形	・平衡状態図 ・準安定状態図	・組織一般 (拡散, 無拡散, 拡散変位型変態, 凝固, 結晶成長・再結晶, 磁性体・誘電体ドメイン, 転位, クラック, …)

造語で一般的な名称ではない）．これらは「理論状態図」および「計算状態図」に対応する概念であるので，それぞれ，"非経験的な組織形成過程の予測"，および"実験データを利用した組織形成のモデル化"を意味する．「理論組織形成」は組織形成の計算機実験の理想ではあるが，理論状態図ですら定量的に計算困難な現段階では，工学的な研究の対象にはなりえない．

　ここで，「計算状態図」と「計算組織形成」の解析手法などを比較した結果を**表 8.1**に示す．中央の列が「計算状態図」で，右が「計算組織形成」であり，上段から，関係するエネルギー，エネルギー評価法，エネルギー減少過程の計算手法，およびその表現形である．

　まず「計算状態図」では，関与するエネルギーは，化学的自由エネルギーで，エネルギー評価法は，副格子モデルに基づく CALPHAD 法である．平衡状態図は，このエネルギーの最小状態として計算されるので，このエネルギーを減少させる計算方法としては，最急降下法や線形計画法が利用される[2]．もちろん最終的な表現形は，平衡状態図や準安定状態図である．

　一方，「計算組織形成」では，関与するエネルギーは，化学的自由エネルギーだけでなく，界面エネルギー，弾性歪エネルギー，および電磁気エネルギーなど，全てのエネルギーを考慮される．これらのエネルギー評価法は，フェーズフィールド法におけるエネルギー評価法に等しく，化学的自由エネルギーに対して CALPHAD 法（副格子モデル），界面エネルギーに対して勾配エネルギー [（秩序変数勾配）^{2} 近似]，弾性歪エネルギーに関連してマイクロメカニクス，磁気エネルギーについてマイクロマグネティクス，さらに電気エネルギーに関係して強誘電体ドメイン形成理論などが使用される．つまり，これらエネルギー評価は，これまで材料科学の種々の分野にて発展してきた連続体近似におけるエネルギー評価法を統合したものとなっている．重要な点は，エネルギーはスカラー量であるので，学問分野が異なる場合でも，エネルギーとしては同時に考慮する（足し合わせるなど）ことが可能である点である．さらにエネルギーは本質的に解析手法のスケールに依存しないために，スケールが異なる解析手法もエネルギーを基礎に同時に議論することが可能である（原子や分子を基礎とした計算であっても，マクロ的な秩序変数を用いる解析で

あっても，同一の対象を解析しているのであるならば，エネルギーは同じ値で
なくてはならない）．組織形成過程は，この全エネルギーの減少過程として算
出され，このエネルギーを減少させる方法として発展方程式が定義される．
もちろん最終的な，表現形は形成される組織そのものである．

「計算組織形成」の利点は，「計算状態図」の場合と同様で，試行錯誤的実験
の低減にある．特に組織形成では時間軸が存在するために，必要十分な実験数
を極力低減させることは，工学的に極めて有用であろう（開発コスト，開発期
間，実験費の削減に直接結びつく）．学問的にも組織形成がエネルギー論的な
らびに速度論的に定量化されるので，様々な恩恵が得られる．例えば，現象を
支配している因子をエネルギーと動力学の両面から客観的かつ定量的に評価で
きる．

8.2 材料特性を最適化する組織形態の探索法としての フェーズフィールド法

通常，ナノヘテロ組織形成に影響を及ぼす因子（合金組成，熱処理条件な
ど）は非常に多様であるので，組織形成の基本メカニズムが実験的に解明され
ても，最適な材料特性を示す組織形態を探索するのに非常に多くの試行錯誤が
必要である場合が多い．フェーズフィールド法は複雑なナノヘテロ組織形成過
程を，物理的描像を明確にしつつ，かなり定量的にモデル化できるため，これ
を設計シミュレーションとして利用することにより，最適なナノヘテロ組織を
探索することができると思われる．つまり実験的にメカニズムを解明し，その
組織形成過程をフェーズフィールド法にてモデリングした後，シミュレーショ
ンを援用して組織最適化を図ることが最も効率的な材料開発法と考えられる．

また近年組織の形態データを用いた特性計算（例えばマイクロマグネティク
ス計算による磁気ヒステリシス解析や，内部変数理論や均質化法を用いた応
力-歪曲線の計算など）も進められている[3]．フェーズフィールド法と，組
織形態情報を直接活用した特性計算を並列化することによって，求める特性を
有する組織が一連の組織形成過程のどの条件の下に存在するかをいち早く探索
することは工学的に重要な課題であろう．この考え方は，8.4 節にて説明する

機械学習を援用することによって，さらに効率化される点を記しておく．

8.3　フェーズフィールド法とマルチスケールシミュレーション

　昨今，マルチスケールの計算が種々の分野で活発に進められている[4]．フェーズフィールド法は，原子シミュレーションとマクロな設計シミュレーションの中間のサイズスケールを有するので，原子サイズのシミュレーションとマクロ設計シミュレーションの仲介役を果たすことができる．

　マルチスケール計算の観点から，各スケール間の動的な連成計算も可能と考えられるが，原子スケールのシミュレーションからマクロスケールのシミュレーションへ，定数もしくは組織形態・内部変数の構成式の形式にて情報を繰り込んで受け渡すブリッジ的手法の方が，これまでの資産（それぞれのスケールにおけるシミュレーション手法）を全てそのまま使用できるので，工学の面からはより現実的と思われる．異なるスケールのシミュレーションを同時に練成して解かなくてはならない場合は，ミクロとマクロの現象がほぼ同じ緩和時間を持つ場合であるが，自然界の階層構造を考慮すると，工学の範疇内では，このような場合は現実にはほとんど存在しないように思われる（唯一，破壊現象がこの例になるかもしれない[4]）．

8.4　計算組織学とデータサイエンスの連携[5]

　当該分野における新しい潮流として，ここでは，材料工学へのデータサイエンス手法の適用について考えてみたい[5]．機械学習など，データサイエンスのノウハウは，学問や研究開発を加速させる新しいツール群として活用できるので，材料工学の発展に有用である．本節では，この分野の一般的な内容から，材料工学における展開までを俯瞰的に説明する（以下は，基本的に文献[5]からの引用であるが，よりわかりやすいように表現および説明を改善している）．

8.4.1 材料インフォマティクスと計算組織学

　材料工学で近年，議論されるインフォマティクス，いわゆるマテリアルズ・インフォマティクス（MI）[6-8]とは，「探索や最適化の圧倒的高効率化を実現する方法論（知りたいことに，迅速・効率的にたどり着く方法論）」と捉えるとわかりやすい．インフォマティクスには，言うまでもなく，探索される対象のデータが必要であり，データが巨大なほど，インフォマティクスの恩恵は大きい．つまりインフォマティクスが威力を発揮する分野には，通常，ビッグデータ[9]が存在する．したがって，インフォマティクスが有効に活用できる必要条件は以下の三つにまとめられる．

（1）　測定データの大容量化，高精度化，および共有化

（2）　理論とシミュレーションの高度化（各種のデータ間を縦横に結ぶ理論と計算の充実）

（3）　機械学習の高度化・実用化（数学的手法の整備，ツールの汎用化，計算機能力の向上）

　材料工学の進展における近年の特徴の一つは，各種の計測・分析機器の進展，および理論・シミュレーション手法の高度化であろう．つまり上記3条件が材料工学の分野で整い始めたことが，MI分野が成立する背景にある．注意すべきは，現時点では，材料の分野は，気象学や情報学の分野ほどのビッグデータ取得に未だ到達していない点であり，この場合，シミュレーションを活用したデータの短期的拡大は大きな意味を持つ．材料組織形態は，無限の自由度を有するので，様々な組織をフェーズフィールド法で量産し，組織のデータベースを整備するなどは，組織と特性を議論する分野において，今後，特に計算組織学の分野において重要な戦略となるであろう．

8.4.2 データの区別（ベイズ推定の観点から）

　機械学習を学び始めると，頻繁に"ベイズ"という用語が現れる．事前確率と，理論・計測から得られるデータに基づき，事後確率を最大化するベイズ推定[10]の思想は，基本的に材料工学と相性のよい考え方である（ベイズ推定は，つまるところ，［仮説⇒実験⇒検証⇒仮説の修正⇒…］の繰り返しなので，

これは試行錯誤を基本戦略とした材料学の研究アプローチに他ならない）．一方，データの統計的解析法には，これまで多変量解析や実験計画法などがあり[11,12]，工学における有益な手法とし活用されている．これら従来の統計解析と，ベイズ推定に基づく統計解析の相違を理解するには，対象とするデータを，以下の2種類に分類するとわかりやすい（なお以下の用語は，著者の造語であるので注意されたい）．

（1）　有限孤立型データ⇒解析手法は，多変量解析や実験計画法などの従来の統計解析

（2）　無限開放型データ⇒解析手法は，ベイズ推定等を基礎とした機械学習

（1）はデータ数が有限で，新しいデータが追加されない前提にて統計量を求める場合である．当然ながら，いつ誰が計算しても同一の結果（例えば，平均や分散など）が得られるので，普遍性が高く結果の信頼度も大きい．一方，（2）は時々刻々と継続してデータが追加される環境にて（この意味で，データ開放型と記した），統計量を算出する場合である．特にビッグデータ環境では，必然的に，ベイズ推定の方法論の利便性が際立つ．例えば平均値の計算で，毎回，全ビッグデータを対象に，平均など統計量を算出する手順は明らかに非効率的（というより，ビッグデータでは非現実的）である．つまり，新しいデータが追加されるたびに，その都度，事前の統計量（平均値など）を修正する手順のほうが現実的であろう．ただし事前の統計量（平均値など）と，直近に使用した測定データに依存して，事後の統計量（平均値など）が変わり得るので普遍性は損なわれる（なおこの場合には，大量のデータによって，普遍性が担保されていると考える）．以上から工学の観点からは，（1）と（2）の相違を理解して，解析手法を使い分けることが重要である．つまりデータがこれ以上増えないならば，（1）を，データが将来にわたって増え続ける前提があるならば（増えるスピードは遅くてもよい），（2）を選択することが有益と考える．

8.4.3　データ同化

　機械学習[13-15]において，材料工学に有用な概念・手法は，やはり，「データ同化[16,17]」であろう．データ同化は，Data Assimilation の訳であり，Assimilation は，"異なる文化が融合すること" を意味する単語である．材料研

究の言葉で説明すると（やや狭義な説明であるが），データ同化は，"測定デー タをシミュレーションに融合させ，シミュレーションの予測精度を向上させる 方法論"である．シミュレーションと理論は演繹的アプローチに，また実験・ 測定は帰納的アプローチに属し，両者は相補的な関係となる場合が多い．デー タ同化は，まさに材料研究における理想的アプローチの最終形態といえる． データ同化には逐次型と非逐次型があり，逐次型データ同化は，"新しい実験 データが加わるたびにシミュレーションに含まれる各種のパラメータや初期・ 境界条件等を，より適切な値に修正する方法"である．一方，非逐次型は， "得られた実験データを固定し，その条件下で，シミュレーションに含まれる 各種のパラメータ等を最適な値に修正する方法"である．前者は，無限開放型 データを対象としたデータ同化となり，カルマンフィルタなどの各種のフィル タ計算[16]がその代表的手法であり，後者は有限孤立型データを対象とした データ同化で，アジョイント法（四次元変分法とも呼ばれる）[5, 17, 19]が代表例 であろう（なお有限孤立型データを対象とした解析は，通常の回帰・最適化問 題に帰着できるので，従来の統計解析や機械学習を活用した各種の手法も活用 できる）．

　フィルタ計算もアジョイント法も，材料工学において有益な手法である．各 種のフィルタ計算の理論的背景に関して，最もイメージが沸きやすい学習手順 は，「粒子フィルタ[16]」を対象に，まず「マルコフ連鎖モンテカルロ法[18]」 を先に理解し，これを時系列で連続操業すると考えるとよい．その後に，カル マンフィルタをはじめとする各種のフィルタ計算に進んだ方が理解しやすい （フィルタ関連の教科書は種類も多く，比較的容易に入手できるが，著者は学 ぶ順番に注意を払うべきと考える次第である）．本書の付録 A6 において，マ ルコフ連鎖モンテカルロ法とアジョイント法の基礎をまとめているので，参考 にしてほしい．

8.4.4　材料工学とデータサイエンス

　最後にデータサイエンスの手法を，材料工学へ適用する場合のキーポイント について，特にこれからの展望をまとめる．

（1） 逆問題によるパラメータ推定

　材料工学では，各種の構成式や理論・シミュレーション内に，値が明確でない物質パラメータが含まれる場合が多い．機械学習[13-15]の分野は，逆問題に関連する数学的手法の宝庫でもあるので，逆問題によるパラメータ推定は非常に有効である．逆問題は，シミュレーション結果と測定結果の一致度から，シミュレーション内のパラメータの値を推定する手法であるので，近年の計測・分析装置の革新とシミュレーション手法の高度化は，逆問題解析の可能性を大きく後押ししている．シミュレーション結果と実験結果が一致する確率を用いて，計算内で用いた各種定数値の尤度（著者は，"尤度"は"信頼度"と記したほうがわかりやすいと思う）をベイズ推定する手法は，材料工学の広範な分野に恩恵をもたらすと思われる．

（2） 特性を支配する各種因子の順位

　材料開発の中心課題の一つは特性最適化であるが，実際の材料開発では，特性に影響する諸因子が多種多様であることが多く，また条件によってその重要度が入れ替わることも珍しくない．したがって，個々の因子の特性に及ぼす寄与率（特性に対する感度）を，迅速かつ定量的に知る方法論の確立は，材料開発効率化における根本的課題である．さて上記の逆問題解析は，結果と因子とを結びつける手法であるので，パラメータ値の変化と，特性の変動の相関も同時に解析できる．パラメータ値の微小が特性の大変動をもたらす場合，そのパラメータは重要な因子であろう．つまり上記の逆問題解析は諸因子の感度解析を内包している．

（3） 仮想スクリーニング

　仮想スクリーニング[8, 20]は，"計算精度が高いが計算負荷が大きいシミュレーションが存在する分野"で威力を発揮する．手順は以下のとおりであり，有用性は計り知れない．（1）代表的なパラメータセットについて，通常のシミュレーションを実行し，入力と出力のデータセットを作成する．（2）これらデータセットを機械学習させ，シミュレーションの簡易コピーを作成する．例えば，ニューラルネットに学習させた場合を考えてみよう．（3）学習済ニュー

ラルネットにて，入出力空間を広域探索し，目的の結果を実現する，候補や条件を選出する．（4）得られた候補や条件に対して，再度，元のシミュレーションで結果を確認する．なおシミュレーションの簡易システム自体が得られる点も（もちろん限られた計算対象範囲内での簡易システムであるが），工学の観点から有益と考えられる．

（4） 組織形態データの認識と分類

これは最適化対象が複雑で，その分類が困難である場合の課題ある．鉄鋼材料の組織はその典型で，例えばパーライト，ベイナイト，マルテンサイトといっても，それぞれに多様な形態が存在し，現在においても，これら組織を完全に識別する共通の数学的指標は無い．材料組織形態の最適化を実現する場合，対象が明確に定義されなければ，精緻な最適化が困難であることは自明であろう．この問題は，つまるところ複雑・多様な材料組織の画像認識の問題であるが，近年，機械学習における画像認識技術の発展によってほぼ解消された[21]．今後，相変態・析出組織，再結晶組織，変形組織，結晶方位組織等々，適用対象は無限に拡大すると思われる．計算組織学の観点からは，これら分類された組織のビッグデータが，縦横に活用できる時代が近未来的に到来するかもしれない．

（5） 検量線の非線形内挿技術の汎用化

あえて検量線と記したが，実験的に決定されてきた各種の回帰式の，非線形性まで考慮した精緻化の問題である．機械学習の進展により，多変数・非線形なデータの高精度回帰（深層学習[13-15]など），近似が不十分な箇所の自動選択(ガウシアン・プロセス)，また多変数空間における領域分離(サポートベクターマシンやランダムフォレストなど）がかなり容易に実現できるようになった．例えば，Ms点，キュリー点，降伏点および破壊靱性などを，1000 くらいのパラメータ空間で，容易かつ精緻に非線形近似できたら，材料のスクリーニングに革命が起こるかもしれない．通常の多変量解析などによっても同様の試みは不可能ではないと思われるが，近年の機械学習が，無限開放型データを対象とした学習である点が，決定的な差となる点を強調しておきたい．つまり再

学習が容易なのである．例えば，ある二成分系のキュリー点を組成と温度の関数としてニューラルネット近似し，これを三成分系に拡張する場合，二成分系の学習済みニューラルネットから学習をスタートすれば，積み上げ方式で効率よく学習を進めることができる．このように，既存の学習済みニューラルネットを踏み台とする効率的ニューラルネット学習法は，転移学習として知られている．

（6）　重要なデータの識別

　ビッグデータそのものを自在に操るノウハウは重要であるが，重要なデータと不必要なデータを区別する手法は材料工学ではさらに重要である．この手法としてはスパース学習が典型例であろう[15,22]．ラッソ解析は，パラメータ空間における軸上を効果的に探索して不要データをそぎ落とす有益な手法であるが，材料工学分野のスパース学習で最も重要な部分は，コスト関数（名称が分野によって異なるが，例えば二乗誤差を計算する部分）内の"材料モデル"である．理由は単純で，神技のような「材料モデル」があればデータは不要である（すべて計算から求まるので，究極のスパースモデルである）．したがって，材料工学の観点からは，注力すべきはまず材料モデル側であり，それを補助する役割が，スパース学習である点を強調しておきたい．

（7）　組み合わせ爆発への対応

　合金の世界では，成分数の増加による計算量の急拡大問題，いわゆる組み合わせ爆発の問題がいたるところに現れる．近年，ニューラルネット学習の精度が格段に向上したので，例えば，多成分系のギブスエネルギーや化学ポテンシャルを，ニューラルネット近似して活用する試みが始まっている[23]．1点の組成にかかる計算は短時間でも，相分離シミュレーションでは，組織内の全ての空間点で，ギブスエネルギーや化学ポテンシャルを算出するため，多成分系になると計算量は莫大となる．この部分を計算負荷の軽い学習済みニューラルネットに置き換えることによって，この問題が解決されることがわかってきた．また，ここで量産される学習済みニューラルネットは，多成分系に対するギブスエネルギーや化学ポテンシャルの簡易高速計算システムそのものである

ので，それ自体が価値を生む可能性も高い．もちろん，成分系を増やす際の転移学習まで考慮すると，その価値は拡大する一方であろう．

（8）　不要なデータや間接データの再利用

　データに関するパラダイムシフトは，これまで不必要と思われていたデータも意味を持つことである．材料開発の実験で希望する特性などの結果が出なかった場合，そのデータは廃棄される場合が多い．しかし機械学習を前提とすると，最適解近傍のデータだけでなく，最適解から離れたデータも必要である．これが無いと最適解であることが機械学習できないからである．さらに間接的な実験情報（実験装置自体の温度や試験時の音など）も，プロセス最適化の観点からは，データ同化の対象になり得る．つまり，これまで全く利用されてこなかった情報が，探索・最適化において貴重なデータとなる．IoT の発展も含め，材料設計・プロセス設計の基本的アプローチが本質的に変わる可能性がある．

（9）　機械学習の他の分野と材料工学

　一つの例として，言語処理の分野に着目してみよう．言語処理における機械学習の構造は，実は材料工学における機械学習の構造に親和性が高いと思われる．通常，言語処理では，文字，単語，文，パラグラフを階層構造として認識し，書かれている内容・意味を判断していく[24]．一方，材料工学では，原子，単位胞，相，組織，部材を階層構造として認識し，材料の特性・用途を判断している．このように，材料工学と類似な枠組みが，機械学習の様々な分野に認められる場合があり，今後，このような分野も注視していくと，材料工学の発展に面白い展開があるかもしれない．

8.5　ま　と　め

　全自由エネルギーを基礎に組織形成のダイナミクスを解析できるフェーズフィールド法の枠組みは非常に頑健である．特に最近では，フェーズフィールド法の適用範囲は材料科学・工学のほぼ全域にわたっている．歴史的に材料科

学・工学の各分野において，エネルギーを活用していない分野はおそらくないであろう．さらにナノ・メゾ・マイクロスケールにおける不均一体に対する連続体近似での全自由エネルギー評価法においては，材料科学・工学の分野が秀でていると思われる．フェーズフィールド法は，この進んだエネルギー評価法の恩恵を全て取り入れることができ，さらにそれとダイナミクスを結びつけることができる方法論であり，この点が広範囲に本手法が広がっている所以であろう．

　著者は，CALPHAD法とフェーズフィールド法を基軸とした材料解析・設計法は，まさに機械技術者における有限要素法と数値流体力学に匹敵するような，材料研究者・技術者のツールとなり得ると信じている．また近年におけるデータサイエンスの機械学習分野は，CALPHAD法とフェーズフィールド法の連携をさらに加速・効率化させる方法論の宝庫である．材料開発の基本的アプローチが新しいステージに入った感があり[25]，また材料工学の中でも複雑な材料組織学の分野は，今後，質的にも量的にも大きく変貌する可能性が高い．現在，大学の機械系の学科で有限要素法や数値流体力学が講義されていない学科はおそらく存在しないであろう．今後，多くの大学の材料系教室において，本書および姉妹編「材料設計計算工学（計算熱力学編）」の解析手法が正課となっている日を夢見て筆を置くこととする．

参 考 文 献

[1]　菊池良一，毛利哲雄：クラスター変分法，森北出版（1997）.

[2]　金谷健一：これならわかる最適化数学，共立出版（2005）.

[3]　小山敏幸：日本金属学会誌，**73**（2009），891-905.

[4]　蕪木英雄，寺倉清之：破壊・フラクチャの物理，岩波書店（2007）.

[5]　小山敏幸，塚田祐貴：ふぇらむ，**23**（2018），680-686.

[6]　K. Rajan 編著："Informatics for Materials Science and Engineering", Elsevier（2013）.

[7]　"Microstructure Informatics in Process-Structure-Property Relations", MRS Bulletin, **41**（2016）.

[8]　I. Tanaka ed.："Nanoinformatics", Springer（2018）.

参 考 文 献　　　　119

[9]　Wikipedia（https://en.wikipedia.org/wiki/Big_data，2019 年 10 月現在）

[10]　樋口知之：予測にいかす統計モデリングの基本―ベイズ統計入門から応用ま
で，講談社（2011）.

[11]　花田憲三：実務にすぐ役立つ実践的多変量解析法，日科技連出版社（2006）.

[12]　花田憲三：実務にすぐ役立つ実践的実験計画法，日科技連出版社（2004）.

[13]　杉山　将：イラストで学ぶ機械学習，講談社（2013）.

[14]　C. M. ビショップ 著，元田　浩，栗田多喜夫，樋口知之，松本裕治，村田
昇 監訳：パターン認識と機械学習，丸善（2012）.

[15]　例えば，機械学習プロフェッショナルシリーズ，講談社.

[16]　樋口知之 編著：データ同化入門（予測と発見の科学），朝倉書店（2011）.

[17]　淡路敏之，池田元美，石川洋一，蒲地政文：データ同化―観測・実験とモデ
ルを融合するイノベーション，京都大学学術出版会（2009）.

[18]　久保拓弥：データ解析のための統計モデリング入門，岩波書店（2012）.

[19]　S. Ito, H. Nagao, A. Yamanaka, Y. Tsukada, T. Koyama, M. Kano, J. Inoue :
Physical Review E, **94**, 043307（2016）.

[20]　A. Seko et al. : Phys. Rev. Lett., **115**（2015）205901.

[21]　足立吉隆，松下康弘，上村逸郎，井上純哉：システム/制御/情報，**61**
（2017），188-193.

[22]　冨岡亮太：スパース性に基づく機械学習（機械学習プロフェッショナルシ
リーズ），講談社（2015）.

[23]　S. Nomoto, H. Wakameda, M. Segawa, A. Yamanaka, T. Koyama : Modelling
Simul. Mater. Sci. Eng., **27**（2019）084008（15 pp）.

[24]　高村大也 著，奥村　学 監修：言語処理のための機械学習入門，コロナ社
（2010）.

[25]　マテリアルズ・インフォマティクス～データ科学と計算・実験の融合による
材料開発～，情報機構（2018）.

付録 A1

汎関数微分について

$F(c(x), dc(x)/dx, x)$ の汎関数を $F[c, c', x]$ と表し，その変分を $\delta F[c, c', x]$ にて表す．$c(x)$ は x の関数であり，$c' = dc(x)/dx$ である．汎関数 $F[c, c', x]$ は，

$$F[c, c', x] = \int_A^B F(c, c', x)dx$$

と定義されるので，これより，変分 $\delta F[c, c', x]$（$c \to c + \delta c$ および $c' \to c' + \delta c'$ のように変化させたときの $F[c, c', x]$ の変化量）は，

$$\delta F[c, c', x] = \int_A^B \delta F(c, c', x)dx$$

$$= \int_A^B \{F(c + \delta c, c' + \delta c', x) - F(c, c', x)\}dx$$

$$= \int_A^B \left\{\frac{\partial F}{\partial c}\delta c + \frac{\partial F}{\partial c'}\delta c'\right\}dx$$

$$= \int_A^B \left(\frac{\partial F}{\partial c}\right)\delta c dx + \int_A^B \left(\frac{\partial F}{\partial c'}\right)\delta c' dx$$

と計算される．さらにこの右辺第二項を，$\delta c' = d(\delta c)/dx$ に注意して部分積分すると，

$$\delta F[c, c', x] = \int_A^B \left(\frac{\partial F}{\partial c}\right)\delta c dx + \left[\left(\frac{\partial F}{\partial c'}\right)\delta c\right]_A^B - \int_A^B \frac{d}{dx}\left(\frac{\partial F}{\partial c'}\right)\delta c dx$$

$$= \left[\left(\frac{\partial F}{\partial c'}\right)\delta c\right]_A^B + \int_A^B \left\{\left(\frac{\partial F}{\partial c}\right) - \frac{d}{dx}\left(\frac{\partial F}{\partial c'}\right)\right\}\delta c dx$$

を得る．固定端の境界条件すなわち積分範囲の両端 $x = A, B$ において $\delta c = 0$，もしくは自由端の境界条件 $\partial F/\partial c' = 0$ を満足すれば，部分積分の第一項は消えて，汎関数 $F[c, c', x]$ の変分 $\delta F[c, c', x]$ は，

$$\delta F[c, c', x] = \int_A^B \left\{\left(\frac{\partial F}{\partial c}\right) - \frac{d}{dx}\left(\frac{\partial F}{\partial c'}\right)\right\}\delta c dx$$

と表せる（濃度 $c(x)$ の変分 $\delta c(x)$ で被積分関数がくくれるところがみそ）．この最終表式を汎関数微分の定義式：

$$\delta F[c, c', x] = \int_A^B \left(\frac{\delta F}{\delta c}\right)\delta c dx$$

と比較すると，$\delta F/\delta c$ は，

$$\frac{\delta F}{\delta c}(x) = \left(\frac{\partial F}{\partial c}\right) - \frac{d}{dx}\left(\frac{\partial F}{\partial c'}\right)$$

となり，$\delta F/\delta c$ は x の関数，すなわち $(\delta F/\delta c)(x)$ として与えられる．重要な点は，

汎関数微分 $\delta F/\delta c$ は恒等的にはゼロにはならない点である．これをゼロと置いた式が，オイラー方程式であり，オイラー方程式は汎関数微分 $\delta F/\delta c$ の特殊な場合に相当する $(\delta F/\delta c=0)$．

[参考文献]

・篠崎寿夫，松森徳衛，吉田正廣：工学者のための変分学入門．現代工学社 (1991)．

付録 A2

エシェルビーサイクルについての詳細説明

式(4-8)から弾性歪エネルギーは，

$$E_{\mathrm{str}} = \frac{1}{2}\int_{\mathbf{r}} C_{ijkl}\, \varepsilon_{ij}^{0}(\mathbf{r})\, \varepsilon_{kl}^{0}(\mathbf{r})\, d\mathbf{r} - \frac{1}{2}\int_{\mathbf{r}} C_{ijkl}\, \varepsilon_{ij}^{0}(\mathbf{r})\, \varepsilon_{kl}^{c}(\mathbf{r})\, d\mathbf{r} \tag{A2-1}$$

にて計算される．エシェルビーサイクル（4.2節参照）にて説明したように，右辺第一項がアイゲン歪分だけ析出物を圧縮する弾性変形で，第二項がそこからの緩和であり，最終的に析出物に蓄積されている弾性歪エネルギーは，この両者の差として計算される．いまアイゲン歪は析出物の内部でのみ値を持ち，母相内ではゼロとすると析出物の外側（母相）では，$\varepsilon_{ij}^{0}(\mathbf{r})=0$ であるので，上式の空間積分は，実質的には，析出物内のみを計算すればよいことになる（さらに析出物の形状が楕円体で，また析出物内のアイゲン歪が定数である場合には，析出物内の内部応力も位置 $\mathbf{r}$ に依存しない定数になるので，上式の積分は単純に弾性歪エネルギー密度（積分の中身）に析出物の体積をかければ計算できる）．

さてここまでは，弾性歪エネルギーに対する従来の定式化の説明で，もちろん間違ってはいないが，エシェルビーサイクルを考えればわかるように，析出物の外部の母相は全歪 $\varepsilon_{ij}^{c}(\mathbf{r})$ 分だけ弾性変形しているはずである．しかし上式の積分は析出物内部のみでよいことになっている．では，この母相の弾性歪エネルギーは，いった

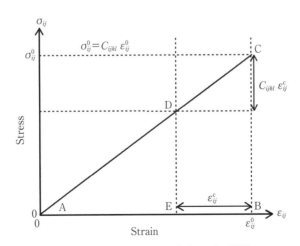

図 A2.1 析出物における応力と歪の関係．

いどこに消えたのであろうか．以下では，この母相における弾性歪エネルギーについて考えてみよう．

より物理的イメージを明確にして，エシェルビーサイクルにおける弾性歪エネルギーを，析出物内と母相とに分けて考えてみよう．一連のエシェルビーサイクルにおいて析出物の領域に蓄えられている弾性歪エネルギー $E_{\text{str}}^{(\text{in})}$ は，**図 A2.1** を参照して，

$$E_{\text{str}}^{(\text{in})} = \frac{1}{2}\int_{|\mathbf{r}| \leq R} C_{ijkl}\, \varepsilon_{ij}^{0}(\mathbf{r})\, \varepsilon_{kl}^{0}(\mathbf{r})\, d\mathbf{r}$$
$$-\left\{ \int_{|\mathbf{r}| \leq R} C_{ijkl}\, \varepsilon_{ij}^{0}(\mathbf{r})\, \varepsilon_{kl}^{c}(\mathbf{r})\, d\mathbf{r} - \frac{1}{2}\int_{|\mathbf{r}| \leq R} C_{ijkl}\, \varepsilon_{ij}^{c}(\mathbf{r})\, \varepsilon_{kl}^{c}(\mathbf{r})\, d\mathbf{r} \right\} \qquad \text{(A2-2)}$$

となる．ここで空間積分は析出物内のみ（$|\mathbf{r}| \leq R$）にとっている．右辺第一項は，図 A2.1 の三角形 ABC の面積に対応する（式(4-9)の E_1 に対応）．右辺の｛ ｝内は，図 A2.1 の台形部分 DEBC の面積に対応し，エシェルビーサイクルでの緩和のエネルギーに対応する（ただし析出物の領域内のみ）．

次に析出物外部の母相における弾性歪エネルギー $E_{\text{str}}^{(\text{out})}$ については，$\varepsilon_{ij}^{c}(\mathbf{r})$ がそのまま弾性歪となるので，

$$E_{\text{str}}^{(\text{out})} = \frac{1}{2}\int_{|\mathbf{r}| > R} C_{ijkl}\, \varepsilon_{ij}^{c}(\mathbf{r})\, \varepsilon_{kl}^{c}(\mathbf{r})\, d\mathbf{r} \qquad \text{(A2-3)}$$

と表現される．式(A2-2)と式(A2-3)を比較すると，この式は，式(A2-2)の｛ ｝内の最後の項に対応していることがわかる．さらに，母相内では $\varepsilon_{ij}^{0}(\mathbf{r})=0$ であることを考え合わせると，式(A2-2)と式(A2-3)をまとめて，全体の弾性歪エネルギーは，

$$E_{\text{str}} = \frac{1}{2}\int_{\mathbf{r}} C_{ijkl}\, \varepsilon_{ij}^{c}(\mathbf{r})\, \varepsilon_{kl}^{c}(\mathbf{r})\, d\mathbf{r}$$
$$-\int_{\mathbf{r}} C_{ijkl}\, \varepsilon_{ij}^{0}(\mathbf{r})\, \varepsilon_{kl}^{c}(\mathbf{r})\, d\mathbf{r} + \frac{1}{2}\int_{\mathbf{r}} C_{ijkl}\, \varepsilon_{ij}^{0}(\mathbf{r})\, \varepsilon_{kl}^{0}(\mathbf{r})\, d\mathbf{r} \qquad \text{(A2-4)}$$

と書けることがわかる．したがって，4 章における E_1（式(4-9)）と E_2（式(4-10)）はそれぞれ，

$$E_1 = \frac{1}{2}\int_{\mathbf{r}} C_{ijkl}\, \varepsilon_{ij}^{0}(\mathbf{r})\, \varepsilon_{kl}^{0}(\mathbf{r})\, d\mathbf{r} \qquad \text{(A2-5)}$$

および，

$$E_2 = \frac{1}{2}\int_{\mathbf{r}} C_{ijkl}\, \varepsilon_{ij}^{c}(\mathbf{r})\, \varepsilon_{kl}^{c}(\mathbf{r})\, d\mathbf{r} - \int_{\mathbf{r}} C_{ijkl}\, \varepsilon_{ij}^{0}(\mathbf{r})\, \varepsilon_{kl}^{c}(\mathbf{r})\, d\mathbf{r} \qquad \text{(A2-6)}$$

に対応することになる．式(A2-4)を変形すると，

$$E_{\text{str}} = \frac{1}{2}\int_{\mathbf{r}} C_{ijkl}\, \varepsilon_{ij}^{c}(\mathbf{r})\, \varepsilon_{kl}^{c}(\mathbf{r})\, d\mathbf{r} - \int_{\mathbf{r}} C_{ijkl}\, \varepsilon_{ij}^{0}(\mathbf{r})\, \varepsilon_{kl}^{c}(\mathbf{r})\, d\mathbf{r} + \frac{1}{2}\int_{\mathbf{r}} C_{ijkl}\, \varepsilon_{ij}^{0}(\mathbf{r})\, \varepsilon_{kl}^{0}(\mathbf{r})\, d\mathbf{r}$$

$$= \frac{1}{2} \int_r C_{ijkl} \{\varepsilon_{ij}^c(\mathbf{r}) - \varepsilon_{ij}^0(\mathbf{r})\}\{\varepsilon_{kl}^c(\mathbf{r}) - \varepsilon_{kl}^0(\mathbf{r})\} \, d\mathbf{r} = \frac{1}{2} \int_r C_{ijkl} \, \varepsilon_{ij}^c(\mathbf{r}) \, \varepsilon_{kl}^c(\mathbf{r}) \, d\mathbf{r} \quad \text{(A2-7)}$$

となり，通常の弾性歪エネルギーの表記に一致する（式(4-3)の逆の計算に他ならない）．以上からわかることは，母相にも実質的に弾性歪エネルギーが存在しており，式(A2-1)の形式（実質的に析出相内部のみの積分）に変換できる理由は，母相の弾性歪エネルギーが，何かで代用されているためと理解するしかない．ではこの何かとは何か？

　式(A2-1)の形式への変換においては，力学的平衡方程式と物体表面における面力がゼロである条件：すなわち式(4-5)＝0 が利用されており，式(4-5)＝0 を書き下すと，

$$\frac{1}{2} \int_r C_{ijkl} \, \varepsilon_{ij}^c(\mathbf{r}) \, \varepsilon_{kl}^c(\mathbf{r}) \, d\mathbf{r} = \frac{1}{2} \int_r C_{ijkl} \, \varepsilon_{ij}^c(\mathbf{r}) \, \varepsilon_{kl}^0(\mathbf{r}) \, d\mathbf{r} \quad \text{(A2-8)}$$

となる．この式は非常に面白い形をしている．$\varepsilon_{ij}^c(\mathbf{r})$ は析出物の内部および外部においてゼロにならないが，$\varepsilon_{ij}^0(\mathbf{r})$ は析出物の外部でゼロである．したがって，式(A2-8)の積分は，左辺は物体全体に渡って積分する必要があるが，右辺は析出物内部のみで積分すればよい．さらに左辺の形は析出物の外部では母相の弾性歪エネルギーそのものである．つまり式(A2-8)は，析出物外部の母相における弾性歪エネルギーを，析出物内部のみに関係した弾性歪エネルギー成分（上式の右辺）で代用できることを意味しているのである．式(A2-8)を式(A2-4)に代入し，実際にこの代用を実行すると，

$$E_{\text{str}} = \frac{1}{2} \int_r C_{ijkl} \, \varepsilon_{ij}^c(\mathbf{r}) \, \varepsilon_{kl}^c(\mathbf{r}) \, d\mathbf{r} - \int_r C_{ijkl} \, \varepsilon_{ij}^0(\mathbf{r}) \, \varepsilon_{kl}^c(\mathbf{r}) \, d\mathbf{r} + \frac{1}{2} \int_r C_{ijkl} \, \varepsilon_{ij}^0(\mathbf{r}) \, \varepsilon_{kl}^0(\mathbf{r}) \, d\mathbf{r}$$

$$= \frac{1}{2} \int_r C_{ijkl} \, \varepsilon_{ij}^c(\mathbf{r}) \, \varepsilon_{kl}^0(\mathbf{r}) \, d\mathbf{r} - \int_r C_{ijkl} \, \varepsilon_{ij}^0(\mathbf{r}) \, \varepsilon_{kl}^c(\mathbf{r}) \, d\mathbf{r} + \frac{1}{2} \int_r C_{ijkl} \, \varepsilon_{ij}^0(\mathbf{r}) \, \varepsilon_{kl}^0(\mathbf{r}) \, d\mathbf{r}$$

$$= \frac{1}{2} \int_r C_{ijkl} \, \varepsilon_{ij}^0(\mathbf{r}) \, \varepsilon_{kl}^0(\mathbf{r}) \, d\mathbf{r} - \frac{1}{2} \int_r C_{ijkl} \, \varepsilon_{ij}^c(\mathbf{r}) \, \varepsilon_{kl}^0(\mathbf{r}) \, d\mathbf{r}$$

$$= \frac{1}{2} \int_r \sigma_{ij}^0(\mathbf{r}) \, \varepsilon_{ij}^0(\mathbf{r}) \, d\mathbf{r} - \frac{1}{2} \int_r \sigma_{ij}^0(\mathbf{r}) \, \varepsilon_{ij}^c(\mathbf{r}) \, d\mathbf{r}$$

となって，式(A2-1)に一致する．もちろん積分は析出物内部のみを考慮すればよい．

　以上から式(A2-1)の意味するところは，決して母相が歪んでいないわけではなく，単に母相における弾性歪エネルギーを，析出物の弾性歪エネルギーで書き直しているということである．したがって，母相における弾性歪エネルギーを計算する場合には，式(A2-3)に基づき計算しなくてはならない．直接，式(A2-3)を計算する方法もあるが，ここでは式(A2-8)を用いる方法について考えてみよう．式(A2-8)より，

$$\frac{1}{2} \int_r C_{ijkl} \, \varepsilon_{ij}^c(\mathbf{r}) \, \varepsilon_{kl}^c(\mathbf{r}) \, d\mathbf{r} = \frac{1}{2} \int_r C_{ijkl} \, \varepsilon_{ij}^c(\mathbf{r}) \, \varepsilon_{kl}^0(\mathbf{r}) \, d\mathbf{r}$$

$$\frac{1}{2}\int_{|\mathbf{r}|\le R}C_{ijkl}\,\varepsilon_{ij}^{c}(\mathbf{r})\,\varepsilon_{kl}^{c}(\mathbf{r})\,d\mathbf{r}+\frac{1}{2}\int_{|\mathbf{r}|>R}C_{ijkl}\,\varepsilon_{ij}^{c}(\mathbf{r})\,\varepsilon_{kl}^{c}(\mathbf{r})\,d\mathbf{r}=\frac{1}{2}\int_{\mathbf{r}}C_{ijkl}\,\varepsilon_{ij}^{c}(\mathbf{r})\,\varepsilon_{kl}^{0}(\mathbf{r})\,d\mathbf{r}$$

$$\therefore\quad \frac{1}{2}\int_{|\mathbf{r}|>R}C_{ijkl}\,\varepsilon_{ij}^{c}(\mathbf{r})\,\varepsilon_{kl}^{c}(\mathbf{r})\,d\mathbf{r}=\frac{1}{2}\int_{\mathbf{r}}C_{ijkl}\,\varepsilon_{ij}^{c}(\mathbf{r})\,\varepsilon_{kl}^{0}(\mathbf{r})\,d\mathbf{r}-\frac{1}{2}\int_{|\mathbf{r}|\le R}C_{ijkl}\,\varepsilon_{ij}^{c}(\mathbf{r})\,\varepsilon_{kl}^{c}(\mathbf{r})\,d\mathbf{r}$$

$$=\frac{1}{2}\int_{|\mathbf{r}|\le R}C_{ijkl}\,\varepsilon_{ij}^{c}(\mathbf{r})\,\varepsilon_{kl}^{0}(\mathbf{r})\,d\mathbf{r}-\frac{1}{2}\int_{|\mathbf{r}|\le R}C_{ijkl}\,\varepsilon_{ij}^{c}(\mathbf{r})\,\varepsilon_{kl}^{c}(\mathbf{r})\,d\mathbf{r}$$

$$=\frac{1}{2}\int_{|\mathbf{r}|\le R}C_{ijkl}\,\varepsilon_{ij}^{c}(\mathbf{r})\,\{\varepsilon_{kl}^{0}(\mathbf{r})-\varepsilon_{kl}^{c}(\mathbf{r})\}\,d\mathbf{r}$$

と変形できるで，式(A2-3)の母相の弾性歪エネルギーは，上式を用いて，析出物内のみの積分として計算できる．実際の数値計算では，この式を用いる方が明らかに簡単である．ただしこの式は，弾性歪エネルギーの積分値の議論には活用できるが，局所的な弾性歪エネルギー密度を議論する場合には使用できない．局所的な弾性歪エネルギー密度を議論する場合には，直接式(A2-3)の形式を使用しなくてはならない．

付録 A3

ランジュバン方程式からフィックの第一法則へ

ここでは，ランジュバン方程式に基づき，フィックの第一法則の物理的意味について考えてみよう．まず原子の拡散移動について，ランジュバン方程式（運動方程式）を立てると次式のように表すことができる．

$$m\left(\frac{dv}{dt}\right) = -Nv + f \qquad (A3\text{-}1)$$

m は1原子の質量，v は原子の移動速度，t は時間，N は摩擦係数および f は拡散を引き起こす化学的な力で，左辺は原子の移動に関する慣性力であり，右辺第一項は摩擦力および第二項は拡散の駆動力である．なお揺動項については，ここでの議論において本質的な役割をはたさないので省略した．

いま，微小時間内の拡散を考え，m, N および f が t に対して変化しないとすれば，上の微分方程式を解くことによって，拡散速度 v の時間依存性は次式にて与えられる．

$$v = \frac{f}{N}\left\{1 - \exp\left(-\frac{Nt}{m}\right)\right\} \qquad (A3\text{-}2)$$

ただし，$t=0$ のとき $v=0$ とした．相分解等の固体内の原子の拡散を考えた場合，通常 N は非常に大きく，一方 m は非常に小さいので，$(N/m) \gg 0$ となり，時間 t が微小量増加するだけで，$\exp[-(N/m)t] \to 0$ となる．つまり固体内の原子の拡散では，拡散速度 v は次式にて近似できる．

$$v = \frac{f}{N} \qquad (A3\text{-}3)$$

つまり固体内の原子の移動においては，慣性力 $m(dv/dt)$ が無視できることが拡散理論の基本的仮定なのである．

ところで一原子の移動速度が v であれば，濃度 c における溶質原子の流束 J は，

$$J = cv \qquad (A3\text{-}4)$$

にて与えられる．いま，拡散の駆動力 f が化学ポテンシャルの勾配 $-(d\mu/dx)$ にて与えられ，かつ原子の拡散の易動度 M が摩擦係数 N の逆数（アインシュタインの関係）であることを考慮すると，以上から J は次式（広義のフィックの第一法則）にて表すことができる．

$$J = -cM\left(\frac{d\mu}{dx}\right) \qquad (A3\text{-}5)$$

以上より広義のフィックの第一法則が成立するためには，式(A3-3)が成り立つこ

とが必要である。つまり原子の移動に関する慣性項が瞬時に減衰し，原子の拡散速度 v が駆動力 $f=-(d\mu/dx)$ に比例することが，拡散方程式の本質的仮定である。

さらに通常のフィックの第一法則との関係を見てみよう。μ は濃度 c と温度 T の関数であり，今の場合，温度は一定であるので，

$$\frac{d\mu}{dx}=\frac{dc}{dx}\frac{d\mu}{dc}$$

である。理想溶体の場合，

$$\mu=\mu_0+RT\ln c,\quad\rightarrow\frac{d\mu}{dc}=\frac{RT}{c}$$

であるから（活量係数が濃度に依存しない定数である場合も同じ結果となる），

$$\frac{d\mu}{dx}=\frac{dc}{dx}\frac{d\mu}{dc}=\frac{RT}{c}\frac{dc}{dx}$$

となる。これを式(A3-5)に代入すると，

$$J=-cM\left(\frac{d\mu}{dx}\right)=-cM\frac{RT}{c}\frac{dc}{dx}=-MRT\frac{dc}{dx}=-D\frac{dc}{dx}\tag{A3-6}$$

となり，通常のフィックの第一法則が導かれる（$D=MRT$ はアインシュタインの関係式）。

[参考文献]

・藤原邦男：物理学序論としての力学，東京大学出版会（1984）．

・深井　有：拡散現象の物理，朝倉書店（1988）．

付録 A4

式(7-9)の導出

　アイゲン歪 $\varepsilon_{ij}^0(\mathbf{r})$ を与える式(4-26)の両辺のフーリエ変換を取ると，$\varepsilon_{ij}^0(\mathbf{k})$ $=\eta\,\delta_{ij}\,c(\mathbf{k})$ となる．この式を用いて式(4-43)を書き直すと，

$$\delta\,\varepsilon_{kl}^c(\mathbf{k})=G_{ik}(\mathbf{k})\,k_l\,k_j\,C_{ijmn}\,\eta\delta_{mn}\,c(\mathbf{k})=G_{ik}(\mathbf{k})\,k_l\,k_j\,C_{ijmn}\,\varepsilon_{mn}^0(\mathbf{k})$$

が得られる．式(7-9)を導出するには，この式を具体的に計算すればよい．上式の $G_{ik}(\mathbf{k})\equiv(C_{ijkl}\,k_j\,k_l)^{-1}$ の代わりに，式(4-46)の導出の際に定義した $\Omega_{ik}(\mathbf{n})$ $\equiv(C_{ijkl}\,n_j\,n_l)^{-1}$ を用いると $(\mathbf{n}\equiv\mathbf{k}/|\mathbf{k}|)$，$\Omega_{ik}(\mathbf{n})=k^2G_{ik}(\mathbf{k})$ の関係が成立するので，上式は，

$$\delta\,\varepsilon_{ij}^c(\mathbf{k})=\Omega_{ki}(\mathbf{n})\,n_j\,n_l\,C_{klmn}\,\varepsilon_{mn}^0(\mathbf{k})$$

となる（フーリエ空間のベクトル $\mathbf{k}$ および $\mathbf{n}$ と，添え字の k および n は異なるので注意すること，また式(7-9)との対応を考慮して添え字の記号も変更している）．

　$\Omega_{ik}(\mathbf{n})$ は $C_{ijkl}\,n_j\,n_l$ の逆行列であるので，$\Omega_{ik}^{-1}(\mathbf{n})=C_{ijkl}\,n_j\,n_l$ と置いて，これを具体的に等方弾性体（式(4-23)を参照）について書き下すと以下のようになる．

$$\Omega_{11}^{-1}(\mathbf{n})=\mu+(\lambda+\mu)n_1^2$$
$$\Omega_{22}^{-1}(\mathbf{n})=\mu+(\lambda+\mu)n_2^2$$
$$\Omega_{33}^{-1}(\mathbf{n})=\mu+(\lambda+\mu)n_3^2$$
$$\Omega_{12}^{-1}(\mathbf{n})=\Omega_{21}^{-1}(\mathbf{n})=(\lambda+\mu)n_1n_2$$
$$\Omega_{13}^{-1}(\mathbf{n})=\Omega_{31}^{-1}(\mathbf{n})=(\lambda+\mu)n_1n_3$$
$$\Omega_{23}^{-1}(\mathbf{n})=\Omega_{32}^{-1}(\mathbf{n})=(\lambda+\mu)n_2n_3$$

λ と μ はラーメの定数である．これより，$\Omega_{ij}^{-1}(\mathbf{n})$ の余因子行列 b_{ij} および行列式 D は，

$$b_{11}=\mu[\mu+(\lambda+\mu)(n_2^2+n_3^2)]$$
$$b_{22}=\mu[\mu+(\lambda+\mu)(n_1^2+n_3^2)]$$
$$b_{33}=\mu[\mu+(\lambda+\mu)(n_1^2+n_2^2)]$$
$$b_{12}=b_{21}=-\mu(\lambda+\mu)n_1n_2$$
$$b_{13}=b_{31}=-\mu(\lambda+\mu)n_1n_3$$
$$b_{23}=b_{32}=-\mu(\lambda+\mu)n_2n_3$$
$$D=(\lambda+2\mu)\mu^2$$

と計算されるので，$\Omega_{ij}(\mathbf{n})={}^tb_{ij}/D=b_{ij}/D$ より，$\Omega_{ij}(\mathbf{n})$ は，

$$\Omega_{11}(\mathbf{n})=\frac{\mu+2\mu-(\lambda+\mu)n_1^2}{(\lambda+2\mu)\mu}$$

129

$$\Omega_{22}(\mathbf{n}) = \frac{\mu + 2\mu - (\lambda + \mu)n_2^2}{(\lambda + 2\mu)\mu}$$

$$\Omega_{33}(\mathbf{n}) = \frac{\mu + 2\mu - (\lambda + \mu)n_3^2}{(\lambda + 2\mu)\mu}$$

$$\Omega_{12}(\mathbf{n}) = \Omega_{21}(\mathbf{n}) = \frac{-(\lambda + \mu)n_1 n_2}{(\lambda + 2\mu)\mu}$$

$$\Omega_{13}(\mathbf{n}) = \Omega_{31}(\mathbf{n}) = \frac{-(\lambda + \mu)n_1 n_3}{(\lambda + 2\mu)\mu}$$

$$\Omega_{23}(\mathbf{n}) = \Omega_{32}(\mathbf{n}) = \frac{-(\lambda + \mu)n_2 n_3}{(\lambda + 2\mu)\mu}$$

となり，一般的に，

$$\Omega_{ki}(\mathbf{n}) = \frac{(\lambda + 2\mu)\delta_{ki} - (\lambda + \mu)n_k n_i}{\mu(\lambda + 2\mu)}$$

と表記できることがわかる．C_{klmn} をラーメの定数を用いて書き直すと，

$$C_{klmn} = \lambda \delta_{kl}\,\delta_{mn} + \mu(\delta_{km}\,\delta_{ln} + \delta_{kn}\,\delta_{lm})$$

であるから（式(4-23)を参照），

$$\delta\,\varepsilon_{ij}^c(\mathbf{k}) = \Omega_{ki}(\mathbf{n})\,n_j\,n_l\,C_{klmn}\,\varepsilon_{mn}^0(\mathbf{k})$$

$$= \left[\frac{(\lambda + 2\mu)\delta_{ki} - (\lambda + \mu)n_k\,n_i}{\mu(\lambda + 2\mu)}\right]n_j\,n_l[\lambda\delta_{kl}\,\delta_{mn} + \mu(\delta_{km}\,\delta_{ln} + \delta_{kn}\,\delta_{lm})]\varepsilon_{mn}^0(\mathbf{k})$$

$$= \left[\frac{(\lambda + 2\mu)\delta_{ki}\,n_j\,n_l - (\lambda + \mu)n_i\,n_j\,n_k\,n_l}{\mu(\lambda + 2\mu)}\right][\lambda\delta_{kl}\,\delta_{mn} + \mu(\delta_{km}\,\delta_{ln} + \delta_{kn}\,\delta_{lm})]\varepsilon_{mn}^0(\mathbf{k})$$

$$= \left[\delta_{ki}\,n_j\,n_l - \frac{\lambda + \mu}{\lambda + 2\mu}\,n_i\,n_j\,n_k\,n_l\right]\left[\frac{\lambda}{\mu}\delta_{kl}\,\delta_{mn} + \delta_{km}\,\delta_{ln} + \delta_{kn}\,\delta_{lm}\right]\varepsilon_{mn}^0(\mathbf{k})$$

$$= \left[\delta_{ki}\,n_j\,n_l - \frac{n_i\,n_j\,n_k\,n_l}{2(1-\nu)}\right]\left[\frac{2\nu}{1-2\nu}\delta_{kl}\,\delta_{mn} + \delta_{km}\,\delta_{ln} + \delta_{kn}\,\delta_{lm}\right]\varepsilon_{mn}^0(\mathbf{k})$$

となり，式(7-9)が導かれる．ν はポアソン比である．なお $\delta\varepsilon_{ij}^c(\mathbf{k})$ において $i \neq j$ の場合には，$[\delta\varepsilon_{ij}^c(\mathbf{k}) + \delta\varepsilon_{ji}^c(\mathbf{k})]/2$ をあらためて $\delta\varepsilon_{ij}^c(\mathbf{k})$ と置く．

[**参考文献**]

・森　勉，村外志夫：マイクロメカニクス，培風館 (1976).

・T. Mura：Micromechanics of Defects in Solids, 2nd Rev. Ed., Kluwer Academic (1991).

付録 A5

多成分系における拡散理論

ここでは，多成分系の合金固溶体における拡散の理論式を，固溶体のギブスエネルギーとの関連性も含めて定式化する．二成分系に対する定式は，すでに第5章にて説明している．本付録は，その多成分系への拡張である．

A5.1　拡散理論

Ågren らによる拡散理論[1]に沿って関係式を導出しよう．Ågren らによる拡散理論は，CALPHAD 法[2]におけるギブスエネルギーと，拡散の易動度を結びつけた理論である．ここでは理論の見通しをわかりやすくするため，置換型固溶体を対象とする（Ågren らの論文[1]では侵入型固溶体も対象とした，より一般的な定式がなされているので，詳細については文献[1]を参照していただきたい）．

まず N 成分系を対象に，現象論的方程式に従い，成分 k の相互拡散流束 $\tilde{\mathbf{J}}_k$ を，

$$\tilde{\mathbf{J}}_k = -\sum_{i=1}^{N} L_{ki} \nabla \mu_i$$

とおく．L_{ki} はオンサーガー係数で，μ_i は成分 i の化学ポテンシャルである．相互拡散の定義から，$\sum_{k=1}^{N} \tilde{\mathbf{J}}_k = 0$ が成立しなくてはならない．一方，固有拡散による拡散流束 $\mathbf{J}_k$ については，$\sum_{k=1}^{N} \mathbf{J}_k \neq 0$ である．$\mathbf{J}_k$ から $\tilde{\mathbf{J}}_k$ への変換は，

$$\tilde{\mathbf{J}}_k = \mathbf{J}_k - c_k \sum_{i=1}^{N} \mathbf{J}_i$$

にて計算される．c_k は成分 k の濃度（モル分率）である．この式は，$\sum_{k=1}^{N} \mathbf{J}_k \neq 0$ のような任意の $\mathbf{J}_k$ を，$\sum_{k=1}^{N} \tilde{\mathbf{J}}_k = 0$ を満たす $\tilde{\mathbf{J}}_k$ に変換する理論式であり，溶質収支条件：$\sum_{k=1}^{N} c_k = 1$ を用いて，$\sum_{k=1}^{N} \tilde{\mathbf{J}}_k = 0$ を満たすように，$\mathbf{J}_k$ を $\tilde{\mathbf{J}}_k$ へ変換している．すなわち，

$$\sum_{k=1}^{N} \tilde{\mathbf{J}}_k = \sum_{k=1}^{N} \left(\mathbf{J}_k - c_k \sum_{i=1}^{N} \mathbf{J}_i \right) = \sum_{k=1}^{N} \mathbf{J}_k - \left(\sum_{k=1}^{N} c_k \right) \left(\sum_{i=1}^{N} \mathbf{J}_i \right) = \sum_{k=1}^{N} \mathbf{J}_k - \sum_{i=1}^{N} \mathbf{J}_i = 0$$

となっており，$\sum_{k=1}^{N} \mathbf{J}_k \neq 0$ であっても，$\sum_{k=1}^{N} \tilde{\mathbf{J}}_k = 0$ が導かれ，そのときの条件として，$\sum_{k=1}^{N} c_k = 1$ が利用されていることに注意されたい．さて固有拡散流束 $\mathbf{J}_k$ を，$\mathbf{J}_k = -c_k M_k \nabla \mu_k$ とおいて，この式を相互拡散に変換すると（固有拡散係数は，その

131

定義から，一つの元素のみに着目した溶質の移動現象であるので，和記号は必要ないと仮定する），

$$\tilde{\mathbf{J}}_k=\mathbf{J}_k-c_k\sum_{i=1}^{N}\mathbf{J}_i=-c_kM_k\nabla\mu_k-c_k\sum_{i=1}^{N}(-c_iM_i\nabla\mu_i)=-c_kM_k\nabla\mu_k+\sum_{i=1}^{N}c_kc_iM_i\nabla\mu_i$$

$$=-\sum_{i=1}^{N}\delta_{ik}c_iM_i\nabla\mu_i+\sum_{i=1}^{N}c_kc_iM_i\nabla\mu_i=-\sum_{i=1}^{N}(\delta_{ik}-c_k)c_iM_i\nabla\mu_i$$

が得られる．δ_{ik} はクロネッカーのデルタで，M_k は拡散の易動度である．

次に固溶体の混合のギブスエネルギー G_m から，化学ポテンシャルの関係式を導出しよう．G_m は広義の正則溶体近似[2]により，

$$G_\mathrm{m}=\sum_{i=1}^{N-1}\sum_{j>i}^{N}c_ic_j\Big[\sum_{p=0}^{\nu}L_{ij}^{(p)}(c_i-c_j)^p\Big]+RT\sum_{i=1}^{N}c_i\ln c_i+G_\mathrm{mag}$$

と表現される．R はガス定数，T は絶対温度，$L_{ij}^{(p)}$ は R-K 級数展開[2]の係数で温度のみの関数，および ν は R-K 展開の最大次数である．G_mag はギブスエネルギー内の磁気項であるが，ここでは議論を簡単にするためにゼロとする（キュリー点よりも，かなり高温での拡散を対象としていると考えてもよい）．全ての濃度 c_k を独立変数とみなして，G_m を c_k で偏微分すると，

$$\frac{\partial G_\mathrm{m}}{\partial c_k}=\sum_i\sum_{j>i}\begin{Bmatrix}\Big(\dfrac{\partial c_i}{\partial c_k}c_j+c_i\dfrac{\partial c_j}{\partial c_k}\Big)\Big[\displaystyle\sum_{p=0}^{\nu}L_{ij}^{(p)}(c_i-c_j)^p\Big]\\+c_ic_j\Big[\displaystyle\sum_{p=1}^{\nu}pL_{ij}^{(p)}(c_i-c_j)^{p-1}\Big]\dfrac{\partial(c_i-c_j)}{\partial c_k}\end{Bmatrix}+RT(\ln c_k+1)$$

$$=\sum_i\sum_{j>i}\begin{Bmatrix}(\delta_{ik}c_j+c_i\delta_{jk})\Big[\displaystyle\sum_{p=0}^{\nu}L_{ij}^{(p)}(c_i-c_j)^p\Big]\\+c_ic_j\Big[\displaystyle\sum_{p=1}^{\nu}pL_{ij}^{(p)}(c_i-c_j)^{p-1}\Big](\delta_{ik}-\delta_{jk})\end{Bmatrix}+RT(\ln c_k+1)$$

を得る．G_m の全微分は，$dG_\mathrm{m}=\sum_{i=1}^{N}\Big(\dfrac{\partial G_\mathrm{m}}{\partial c_i}\Big)dc_i$ と表現されるので，濃度 c_j による G_m の常微分は，c_N を濃度に関する従属変数として $\Big(c_N=1-\sum_{i=1}^{N-1}c_i\Big)$，

$$\frac{dG_\mathrm{m}}{dc_j}=\sum_{i=1}^{N}\Big(\frac{\partial G_\mathrm{m}}{\partial c_i}\Big)\frac{dc_i}{dc_j}=\frac{\partial G_\mathrm{m}}{\partial c_j}-\frac{\partial G_\mathrm{m}}{\partial c_N},\quad(j=1,2,\cdots,N-1)$$

と計算される．一方，多成分系の熱力学より[2]，

$$\frac{dG_\mathrm{m}}{dc_j}=\mu_j-\mu_N,\quad(j=1,2,\cdots,N-1)$$

であるので，以上から，

$$\mu_j-\mu_N=\frac{dG_\mathrm{m}}{dc_j}=\frac{\partial G_\mathrm{m}}{\partial c_j}-\frac{\partial G_\mathrm{m}}{\partial c_N},\quad(j=1,2,\cdots,N-1)$$

が得られる．つまり $\mu_j-\mu_N$ は，$\partial G_\mathrm{m}/\partial c_j-\partial G_\mathrm{m}/\partial c_N$ にて計算できる．なおここで，

付録 A5　多成分系における拡散理論　　　　133

$\partial G_\mathrm{m}/\partial c_i \neq \mu_i$ であるので注意されたい.

さて，拡散流束，化学ポテンシャル，および混合のギブスエネルギーの間の関係式が導かれたので，これらを用いて，N 成分系について成分 k の相互拡散流束の式を展開すると，

$$\tilde{\mathbf{J}}_k = -\sum_{i=1}^{N}(\delta_{ik}-c_k)c_i M_i \nabla \mu_i = -\sum_{i=1}^{N}(\delta_{ik}-c_k)c_i M_i \nabla(\mu_i-\mu_N) - \sum_{i=1}^{N}(\delta_{ik}-c_k)c_i M_i \nabla \mu_N$$

$$= -\sum_{i=1}^{N-1}(\delta_{ik}-c_k)c_i M_i \nabla(\mu_i-\mu_N) + \sum_{i=1}^{N}\left\{(\delta_{ik}-c_k)c_i M_i \sum_{j=1}^{N-1}c_j \nabla(\mu_j-\mu_N)\right\}$$

$$= -\sum_{i=1}^{N-1}(\delta_{ik}-c_k)c_i M_i \nabla(\mu_i-\mu_N) + \sum_{i=1}^{N}\left\{c_i \nabla(\mu_i-\mu_N)\sum_{j=1}^{N-1}(\delta_{jk}-c_k)c_j M_j\right\}$$

$$= -\sum_{i=1}^{N-1}\left[(\delta_{ik}-c_k)c_i M_i \nabla(\mu_i-\mu_N) - c_i \nabla(\mu_i-\mu_N)\sum_{j=1}^{N}(\delta_{jk}-c_k)c_j M_j\right]$$

$$= -\sum_{i=1}^{N-1}\left\{(\delta_{ik}-c_k)M_i - \sum_{j=1}^{N}(\delta_{jk}-c_k)c_j M_j\right\}c_i \nabla(\mu_i-\mu_N)$$

$$= -\sum_{i=1}^{N-1}\left\{(\delta_{ik}-c_k)M_i - \sum_{j=1}^{N}(\delta_{jk}-c_k)c_j M_j\right\}c_i \nabla\left(\frac{dG_\mathrm{m}}{dc_i}\right)$$

$$= -\sum_{i=1}^{N-1}\left\{(\delta_{ik}-c_k)M_i - \sum_{j=1}^{N}(\delta_{jk}-c_k)c_j M_j\right\}c_i\left(\frac{d^2G_\mathrm{m}}{dc_i^2}\right)\nabla c_i$$

が導かれる. 式の変形において，

$$\sum_{i=1}^{N}c_i d\mu_i = 0,\quad \sum_{i=1}^{N-1}c_i d\mu_i + c_N d\mu_N = \sum_{i=1}^{N-1}c_i d\mu_i + \left(1-\sum_{i=1}^{N-1}c_i\right)d\mu_N = 0,$$

$$\therefore d\mu_N = -\sum_{i=1}^{N-1}c_i d(\mu_i-\mu_N)$$

を用いた. これより例えば，二成分系の成分 1 の相互拡散流束は，

$$\tilde{\mathbf{J}}_1 = -\sum_{i=1}^{1}\left\{(\delta_{i1}-c_1)M_i - \sum_{j=1}^{2}(\delta_{j1}-c_1)c_j M_j\right\}c_i\left(\frac{d^2G_\mathrm{m}}{dc_i^2}\right)\nabla c_i$$

$$= -\{(\delta_{11}-c_1)M_1 - (\delta_{11}-c_1)c_1 M_1 - (\delta_{21}-c_1)c_2 M_2\}c_1\left(\frac{d^2G_\mathrm{m}}{dc_1^2}\right)\nabla c_1$$

$$= -(c_2 M_1 + c_1 M_2)c_1 c_2\left(\frac{d^2G_\mathrm{m}}{dc_1^2}\right)\nabla c_1$$

と導かれ，また G_m が理想溶体の場合，$d^2G_\mathrm{m}/dc_1^2 = RT/(c_1 c_2)$ であるので，

$$\tilde{\mathbf{J}}_1 = -(c_2 RT M_1 + c_1 RT M_2)\nabla c_1 = -\tilde{D}_1 \nabla c_1,\quad \tilde{D}_1 = c_2 RT M_1 + c_1 RT M_2$$

となって，第 5 章の式 (5-9) に一致する結果が得られる. $c_2 \to 1$ の極限で，$\tilde{\mathbf{J}}_1 = -M_1 RT \nabla c_1$ となることから，係数の $M_1 RT$ は，大部分が成分 2 の固溶体内での微量成分 1 のトレーサー拡散係数であることがわかる. 微量成分の観点では，これは，成分 2 の固体内における成分 1 の不純物拡散係数に等しい（なお成分 k のトレーサー拡散係数は，合金の場合，一般にその溶媒組成および温度の関数である点に注

意すること).

最後に拡散の易動度 M_k の（溶媒）組成および温度依存性に関する定式[3,4]を説明する. 具体的に易動度 M_k の組成および温度依存性については, CALPHAD 法の R-K 級数展開形式を援用して, 以下の理論式を用いてデータベース化されている. トレーサー拡散係数 $D_k^* = M_k RT$ において, M_k は,

$$M_k = \frac{1}{RT} \exp\left(\frac{\Phi_k}{RT}\right),$$

$$\Phi_k = -Q_k^* + RT \ln(D_k^0) = \sum_i^N \Phi_k^{(i)} c_i + \sum_{i=1}^{N-1} \sum_{j>i}^{N} c_i c_j \left[\sum_{p=0}^{P_\Phi} {}^p\Phi_k^{(i,j)} (c_i - c_j)^p\right]$$

にて定義される. $\Phi_k^{(i)}$ は i 母相中での成分 k のトレーサー拡散を記述するパラメータであり, ${}^p\Phi_k^{(i,j)}$ は, i-j 固溶体（二成分の固溶体）中における成分 k の拡散相互作用（溶媒が合金であることによる補正）を記述するパラメータである. 例えば, 純成分 1 における自己拡散を考えた場合,

$$M_1(c_1=1) = \frac{1}{RT} \exp\left(\frac{\Phi_1(c_1=1)}{RT}\right) = \frac{D_1^0}{RT} \exp\left(\frac{-Q_1^*}{RT}\right),$$

$$\therefore D_1^* = M_1 RT = D_1^0 \exp\left(\frac{-Q_1^*}{RT}\right),$$

$$\Phi_1(c_1=1) = -Q_1^* + RT \ln(D_1^0) = \Phi_1^{(1)}$$

となるので, $\Phi_1^{(1)}$ は純成分 1 の自己拡散係数 D_1^* の頻度因子と活性化エネルギーから計算できることがわかる. また成分 2 の固体内の微量成分 1 の不純物拡散を考えた場合,

$$M_1(c_2=1) = \frac{1}{RT} \exp\left(\frac{\Phi_1(c_2=1)}{RT}\right) = \frac{D_1^0(c_2=1)}{RT} \exp\left(\frac{-Q_1^*(c_2=1)}{RT}\right),$$

$$\therefore D_1(c_2=1) = M_1 RT = D_1^0(c_2=1) \exp\left(\frac{-Q_1^*(c_2=1)}{RT}\right),$$

$$\Phi_1(c_2=1) = -Q_1^*(c_2=1) + RT \ln(D_1^0(c_2=1)) = \Phi_1^{(2)}$$

となるので, $\Phi_1^{(2)}$ は, 成分 2 内の微量成分 1 の不純物拡散係数の頻度因子と活性化エネルギーから求めることができる. さらに Φ_k は,

$$M_k = \frac{1}{RT} \exp\left(\frac{\Phi_k}{RT}\right) \Rightarrow D_k^* = M_k RT = \exp\left(\frac{\Phi_k}{RT}\right),$$

$$\therefore \Phi_k = RT \ln D_k^*$$

と表現できるので, Φ_k はトレーサー拡散係数の対数に RT を乗じた量であることがわかる. 対数は単調増加関数で, かつ RT は正の値を持つので, D_k^* の大小と Φ_k の大小は対応する. 実際のパラメータアセスメントでは, 二成分系における D_k^* の, 組成（着目している k 成分の周囲の溶媒組成）および温度依存性の実験データを,

$$RT \ln D_k^* = \Phi_k = \sum_i^N \Phi_k^{(i)} c_i + \sum_{i=1}^{N-1} \sum_{j>i}^N c_i c_j \left[\sum_{p=0}^{P_\Phi} {}^p\Phi_k^{(i,j)} (c_i - c_j)^p \right]$$

の形で回帰することにより，$\Phi_k^{(i)}$ および ${}^p\Phi_k^{(i,j)}$ が決定される（これらは温度の関数である）．特に $\Phi_k^{(i)}$ の決定には，純成分における自己拡散係数と，不純物拡散係数のデータを直接用いることができる．なお ${}^p\Phi_k^{(i,j)}$ の正と負は，それぞれ，k 成分の拡散が，成分 i と成分 j の合金化によって誘起される場合および抑制される場合に対応することになる．この符号は，ギブスエネルギーにおける原子間相互作用パラメータの正負の場合のように，速度論の分野において興味深い研究対象であるが，著者の知るかぎり，現状，法則性等は見出されていないようである．

［参考文献］

［1］ J.-O. Andersson and J. Ågren : J. Appl. Phys., **72**（1992），1350-1355.

［2］ 阿部太一：材料設計計算工学（計算熱力学編），内田老鶴圃（2011）.

［3］ J. Wang, H. S. Liu, L. B. Liu, Z. P. Jin : CALPHAD, **32**（2008），94-100.

［4］ Y. Liu, L. Zhang, Y. Du, G. Sheng, J. Wang, D. Liang : CALPHAD, **35**（2011），376-383.

付録 **A6**

データ同化と材料工学

データ同化の主な方法論には，第 8 章に記したように，フィルタ計算[1, 2]とアジョイント法[3]がある．本付録では，フィルタ計算を理解する上での基礎を与えるマルコフ連鎖モンテカルロ法[1, 4]と，アジョイント法における定式化の基礎[5, 6]を，拡散現象を題材に説明する．

A6.1　マルコフ連鎖モンテカルロ法と粒子フィルタ

マルコフ連鎖モンテカルロ法（Markov chain Monte Carlo method）は，MCMC と呼ばれる場合が多い[1, 4]．ここでは A-B 二成分系における拡散対で，複数の温度にて測定された濃度プロファイル情報 (x, c, T, t) が与えられたときに（x は位置で，c は x における B 成分濃度，T は絶対温度，および t は時間），拡散係数 $D(T) = D_0 \exp(-Q_0/RT)$ 内の頻度因子 D_0 と，拡散の活性化エネルギー Q_0 を求める問題を考えよう．D_0 と Q_0 はいずれも定数とし，拡散シミュレーションは，フィックの第二法則を仮定した濃度プロファイルの時間発展シミュレーションとする．例えば，測定データとしては，時間 t について $t = t_1, t_2$ の 2 パターン，温度 T について $T = T_1, T_2, T_3$ の 3 パターンで，計 6 個の濃度プロファイルが得られていると考えていただきたい．

さて同化対象の 2 変数を，未知変数ベクトル $\mathbf{u} = (D_0, Q_0)^{\mathrm{T}}$ にて表現する（右上の T は温度ではなく転置行列を意味するので注意すること）．データ同化における状態空間モデルにおいて，この場合のシステムモデルと観測モデルは，以下のように設定される．

・システムモデル：$\mathbf{u}_j = f(\mathbf{u}_{j-1}) + \mathbf{v}_j = \mathbf{u}_{j-1} + \mathbf{v}_j,$

・観測モデル：　　$c_j(x) = h(\mathbf{u}_j) + w_j$

システムモデルは，同化対象（推定したい量）の変数 $\mathbf{u}$ の発展を記述するモデルで，上記の関数 f は，理論式もしくはシミュレーションプログラムそのものである場合が多いが，ここでは，同化する対象が固定パラメータ（D_0 と Q_0）であるので，システムモデルは，上記のように $f(\mathbf{u}) = \mathbf{u}$ となる．$\mathbf{v}_j$ はシステムノイズ，w_j は観測ノイズ，添え字の j は通常の状態空間モデルならば時間であるが，ここでは時系列を扱わないので，j は同化の計算に順次使用する実験データの通し番号とする（つまりここでは，j は正の整数で単に順番を表す番号である）．マルコフ連鎖モンテカルロ法の計算手順は以下のようにまとめられる．

136

付録 A6　データ同化と材料工学　　　137

───── マルコフ連鎖モンテカルロ法の計算手順[1, 4] ─────

　まず初期分布を近似するアンサンブル $\{\mathbf{u}_{0|0}^{(i)}\}_{i=1}^N$ を生成する．事前分布に相当し N は大きいほどよい．粒子フィルタでは，これら N 個の個々のデータ $\mathbf{u}^{(i)}$ が "粒子" と呼ばれるので，以下においても個々のデータ $\mathbf{u}^{(i)}$ を粒子と記すこととする．続いて $j=1, 2, \cdots, j_{\max}$ に対して，以下の（ a ）〜（ e ）の処理を繰り返す．

　（ a ）　各 $i\,(i=1, 2, \cdots, N)$ について，システムノイズ $\mathbf{v}_j^{(i)} \sim p(\mathbf{v}_j)$ を生成する（$p(\mathbf{v}_j)$ は，$\mathbf{v}_j$ が従う確率密度関数で正規分布を設定する場合が多い）．

　（ b ）　各 $i\,(i=1, 2, \cdots, N)$ について，$\mathbf{u}_{j|j-1}^{(i)} = \mathbf{u}_{j-1|j-1}^{(i)} + \mathbf{v}_j^{(i)}$ を計算し，予測分布のアンサンブル $\{\mathbf{u}_{j|j-1}^{(i)}\}_{i=1}^N$ を計算する．$\mathbf{u}_{j|j-1}^{(i)}$ の添え字については，i は個々の粒子の番号，下付き添え字の前側の j はデータ同化作業中の推定値の番号で，後ろ側の $j-1$ がデータ同化に使用したデータの最終番号である．例えば $\mathbf{u}_{35|34}^{(537)}$ は，34 番目までの測定値の情報を元に，システムモデルにて，35 番目の推定値を計算した際の，N 個ある内の 537 番目の粒子の値を意味する．

　（ c ）　各 $i\,(i=1, 2, \cdots, N)$ について，$\lambda_j^{(i)} = p(y_j|\mathbf{u}_{j|j-1}^{(i)})$ を計算する．y_j が濃度プロファイルの実測値である．$\lambda_j^{(i)} = p(y_j|\mathbf{u}_{j|j-1}^{(i)})$ は，与えられた y_j が $\mathbf{u}_{j|j-1}^{(i)}$ から得られる尤度であり，$\mathbf{u}_{j|j-1}^{(i)}$ がどの程度 y_j を再現できているかを表す量である．観測ノイズ w_j が平均 0 で分散共分散行列 R_j のガウス分布に従うと仮定すると，

$$\lambda_j^{(i)} = p(y_j|\mathbf{u}_{j|j-1}^{(i)}) = \frac{1}{\sqrt{(2\pi)^k|R_j|}} \exp\left[-\frac{1}{2}(y_j - h(\mathbf{u}_{j|j-1}^{(i)}))^{\mathrm{T}} R_j^{-1}(y_j - h(\mathbf{u}_{j|j-1}^{(i)}))\right]$$

となる（k は c_j の次元である）．

　（ d ）　各 $i\,(i=1, 2, \cdots, N)$ について，$\beta_j^{(i)} = \lambda_j^{(i)} \Big/ \sum_{i=1}^N \lambda_j^{(i)}$ を計算する．

　（ e ）　アンサンブル $\{\mathbf{u}_{j|j-1}^{(i)}\}_{i=1}^N$ から，各粒子 $\mathbf{u}_{j|j-1}^{(i)}$ が $\beta_t^{(i)}$ の確率で抽出されるよう N 回の復元抽出を行い，得られた N 個のサンプルで，フィルタ分布を近似するアンサンブル：$\{\mathbf{u}_{j|j}^{(i)}\}_{i=1}^N$ を構成する．なお復元抽出とは，同じ粒子が何度も抽出されることを許す抽出法である．その結果，$\beta_j^{(i)}$ の（$\lambda_j^{(i)}$ の）大きな粒子は頻繁に何度も抽出されるので，フィルタ分布を近似するアンサンブル：$\{\mathbf{u}_{j|j}^{(i)}\}_{i=1}^N$ には，同じものの複製が多数含まれることになる．

　上記の操作を，もう少し定性的に説明しよう．まず値を求めたいパラメータ D_0 があったときに，その平均と分散を適当に決めて（事前分布），多数個の離散データ $D_0^{(i)}$（例えば 1000 個のデータを考え，$i=1, 2, 3, \cdots, 1000$ としよう）にて，求めたいパラメータのアンサンブル $\{D_0^{(i)}\}$ を作成する（正規分布で表現する場合が多い）．$D_0^{(i)}$ を変数とした関数や計算プログラムによって，ある量 $c^{(i)}$ が算出でき，この量 $c^{(i)}$ は実験的にも測定できる量とする（これを $c_{\exp}$ としよう）．いま $D_0^{(i)}$ は 1000 個の

数値データであるので，それぞれの $D_0^{(i)}$ について（$D_0^{(i)}$ を変数とした関数や計算プログラムを用いて），$c^{(i)}$ を 1000 個求めることができる．このときに使用する関数や計算プログラムが観測モデルである．さて，求めた 1000 個の $c^{(i)}$ と測定値 $c_{\exp}$ を比較すると，1000 個の $D_0^{(i)}$ は分布を持っているので，$D_0^{(i)}$ が真の値に近いときには $c^{(i)}$ と $c_{\exp}$ は近づくであろう．逆に $D_0^{(i)}$ が真の値から遠いときには，$c^{(i)}$ と $c_{\exp}$ はかなり離れた値となるはずである．つまり $c^{(i)}$ と $c_{\exp}$ の一致の度合いによって，$D_0^{(i)}$ が真の値に近いか遠いかを判断することができる．これを確率分布で表現した量が $D_0^{(i)}$ の確からしさ，すなわち尤度であり，本解析では尤度関数を変数 $(c_{\exp}-c^{(i)})$ の正規分布にて近似している．マルコフ連鎖モンテカルロ法のアルゴリズムでは，この尤度に従い，1000 個あった $D_0^{(i)}$ の淘汰を行う．つまり尤度の高い真の値に近い $D_0^{(i)}$ は複製され，尤度が低く真の値から遠い $D_0^{(i)}$ は削除されていく．このようにして，1000 個の $D_0^{(i)}$ を更新していくアルゴリズムが，マルコフ連鎖モンテカルロ法のアルゴリズムである．この計算の利点は，尤度関数さえ仮定できれば，どのような量に対しても $D_0^{(i)}$ の分布を推定できる点，$c^{(i)}$ から $D_0^{(i)}$ を求める逆関数が不要である点（カルマンフィルタではこれが必要），および $D_0^{(i)}$ の分布の形に制約がない点である（正規分布からかけ離れていても問題ない）．欠点は計算量が極めて多いこと，また粒子数が少ない場合，正確な分布が求まる前に，一つの粒子に収斂してしまう場合が起こり得ることである．ただし $D_0^{(i)}$ から $c^{(i)}$ を求めるところは全て独立な計算となるので，例えば 1000 並列の計算ができれば，1 回の計算時間で結果が得られる．このアルゴリズムは，ある意味，力技であるが，近年の並列計算機に非常にマッチした手法といえる．粒子フィルタは，以上の手順を，時系列で追加される測定データに対して，次々と繰り返していく計算である．したがって，粒子フィルタ内の一つのバッチ処理が，マルコフ連鎖モンテカルロ法に等しい[1]．

A6.2 アジョイント法の基礎[5]

アジョイント法（四次元変分法とも呼ばれる）は，データ同化におけるパラメータ推定もしくは初期値推定に主に活用され，順問題に微分方程式が使われるモデルにおいて威力を発揮する方法論である[3]．非常に優れた手法であるが，随伴方程式を用いた数学的枠組みを巧みに利用する手法であるため，理論を直感的に理解することが難しい．以下では，通常の拡散方程式の数学体系で，濃度プロファイルの実験情報から，拡散係数 D の値（ここでは定数とする），および時間ゼロにおける初期濃度プロファイル $c(x, 0)$，を推定する問題を取り上げ，以下，具体的な定式化を説明しよう（以下は，基本的に文献[5]からの引用であるが，より読みやすくなるように変数を置き換えるなど，少し理論式を改善しているので，注意されたい）．

付録 A6　データ同化と材料工学　　　　139

　さて，まず一次元（x 方向）の拡散方程式を，

$$\frac{\partial c}{\partial t} - D\frac{\partial^2 c}{\partial x^2} = 0$$

としよう．濃度プロファイル $c(x, t)$ は，位置 x および時間 t の関数である．拡散係数 D を定数としたので，D の時間依存 $D(t)$ を表す関係式として，

$$\frac{\partial D}{\partial t} = 0$$

も考慮する（D を時間 t の関数とみなしている点に注意すること）．これは時間発展しない定数を同化対象とする場合における定番のテクニックである．次にコスト関数 I を，

$$I \equiv \iint_x K dx dt = \frac{1}{2}\iint_x w(t)\{c(x, t) - c_{\text{obs.}}(x, t)\}^2 dx dt$$

と定義する．ここで K を，

$$K \equiv \frac{1}{2}w(t)\{c(x, t) - c_{\text{obs.}}(x, t)\}^2$$

とおいた．$w(t)$ は濃度プロファイルの測定値が存在する時間のみ $w(t) = 1$ で，他の時間は $w(t) = 0$ となる関数である．$c_{\text{obs.}}(x, t)$ は濃度プロファイルの実験データで，$c(x, t)$ が計算データである．コスト関数は，実験データと計算結果とのくい違いを表現する関数であれば，任意に定義してよい．ここでは差の二乗を時間および空間積分した量にて定義している．したがって，この問題は，コスト関数 I を最小化する $D(0)$ と $c(x, 0)$ を求める問題となる．

　さて，求める対象は $D(0)$ と $c(x, 0)$ であるが，数値計算でこれらを求めるために必要な量は，$\partial I/\partial D(0)$ と $\partial I/\partial c(x, 0)$ である．これらがわかれば，例えば通常の勾配法を用いて，$D(0)$ と $c(x, 0)$ を収束計算から求めることができる．実はアジョイント法は，$\partial I/\partial D(0)$ と $\partial I/\partial c(x, 0)$ を，実に巧妙かつ効率的に計算する手法に他ならない．

　以下，数学的な準備を行う．まずラグランジュアンを，

$$\begin{aligned}
L &= I + \iint_x \lambda_c\left[D\frac{\partial^2 c}{\partial x^2} - \frac{\partial c}{\partial t}\right]dx dt - \int_t \lambda_D\left[\frac{\partial D}{\partial t}\right]dt \\
&= \iint_x K dx dt + \iint_x \lambda_c\left[D\frac{\partial^2 c}{\partial x^2} - \frac{\partial c}{\partial t}\right]dx dt - \int_t \lambda_D\left[\frac{\partial D}{\partial t}\right]dt
\end{aligned} \tag{A6-1}$$

にて定義し（λ_c と λ_D はラグランジュの未定乗数である），この変分 δL を計算する（D が位置の関数ではない点に注意されたい）．

$$\begin{aligned}
\delta L &= \iint_x\left[\left(\frac{\partial K}{\partial c}\right)\delta c + \left(\frac{\partial K}{\partial D}\right)\delta D\right]dx dt + \iint_x \lambda_c\left[D\frac{\partial^2(\delta c)}{\partial x^2} - \frac{\partial(\delta c)}{\partial t}\right]dx dt \\
&\quad + \iint_x \lambda_c\left[(\delta D)\frac{\partial^2 c}{\partial x^2}\right]dx dt - \int_t \lambda_D\left[\frac{\partial(\delta D)}{\partial t}\right]dt
\end{aligned}$$

$$+ \iint_t \int_x \delta\lambda_c \Big[D \frac{\partial^2 c}{\partial x^2} - \frac{\partial c}{\partial t} \Big] dx dt - \int_t \delta\lambda_D \Big[\frac{\partial D}{\partial t} \Big] dt$$

右辺第二項と，［第三項 + 第四項］は，部分積分を用いて，それぞれ以下のように変形できる．

$$\iint_t \int_x \lambda_c \Big[D \frac{\partial^2 (\delta c)}{\partial x^2} - \frac{\partial (\delta c)}{\partial t} \Big] dx dt$$

$$= \iint_t \int_x \Big\{ D \Big(\frac{\partial^2 \lambda_c}{\partial x^2} \Big) + \frac{\partial \lambda_c}{\partial t} \Big\} (\delta c) dx dt + \int_x [\lambda_c(x,0) \delta c(x,0) - \lambda_c(x, t_{max}) \delta c(x, t_{max})] dx,$$

$$\iint_t \int_x \lambda_c \Big[(\delta D) \frac{\partial^2 c}{\partial x^2} \Big] dx dt - \int_t \lambda_D \Big[\frac{\partial (\delta D)}{\partial t} \Big] dt$$

$$= \int_t \Big\{ \int_x \lambda_c \Big(\frac{\partial^2 c}{\partial x^2} \Big) dx + \frac{\partial \lambda_D}{\partial t} \Big\} (\delta D) dt + [\lambda_D(0) \delta D(0) - \lambda_D(t_{max}) \delta D(t_{max})]$$

t_{max} は時間 t の最大値（対象とするデータ範囲の最後の時間）である．これらをもとの式に代入して，

$$\begin{aligned} \delta L = & \iint_t \int_x \Big\{ \Big(\frac{\partial K}{\partial c} \Big) + D \Big(\frac{\partial^2 \lambda_c}{\partial x^2} \Big) + \frac{\partial \lambda_c}{\partial t} \Big\} (\delta c) dx dt \\ & + \int_t \Big\{ \Big(\frac{\partial K}{\partial D} \Big) + \int_x \lambda_c \Big(\frac{\partial^2 c}{\partial x^2} \Big) dx + \frac{\partial \lambda_D}{\partial t} \Big\} (\delta D) dt \\ & + \int_x [\lambda_c(x,0) \delta c(x,0) - \lambda_c(x, t_{max}) \delta c(x, t_{max})] dx \\ & + [\lambda_D(0) \delta D(0) - \lambda_D(t_{max}) \delta D(t_{max})] \\ & + \iint_t \int_x \delta\lambda_c \Big[D \frac{\partial^2 c}{\partial x^2} - \frac{\partial c}{\partial t} \Big] dx dt - \int_t \delta\lambda_D \Big[\frac{\partial D}{\partial t} \Big] dt \end{aligned}$$

を得る．

さてここで，$\delta(L-I)=0$ を要請しよう（つまり $\delta L = \delta I$）．$(L-I)$ はもともと未定乗数が関与する項のみで表現される量であるので（式(A6-1)を参照せよ），制約条件から $\delta(L-I)=0$ は自明であろう．以上から，

$$\begin{aligned} \delta L = \delta I = & \iint_t \int_x \Big\{ \Big(\frac{\partial K}{\partial c} \Big) + D \Big(\frac{\partial^2 \lambda_c}{\partial x^2} \Big) + \frac{\partial \lambda_c}{\partial t} \Big\} (\delta c) dx dt \\ & + \int_t \Big\{ \Big(\frac{\partial K}{\partial D} \Big) + \int_x \lambda_c \Big(\frac{\partial^2 c}{\partial x^2} \Big) dx + \frac{\partial \lambda_D}{\partial t} \Big\} (\delta D) dt \\ & + \int_x [\lambda_c(x,0) \delta c(x,0) - \lambda_c(x, t_{max}) \delta c(x, t_{max})] dx \quad\quad\text{(A6-2)} \\ & + [\lambda_D(0) \delta D(0) - \lambda_D(t_{max}) \delta D(t_{max})] \\ & + \iint_t \int_x \delta\lambda_c \Big[D \frac{\partial^2 c}{\partial x^2} - \frac{\partial c}{\partial t} \Big] dx dt - \int_t \delta\lambda_D \Big[\frac{\partial D}{\partial t} \Big] dt \end{aligned}$$

となる．ところで I は，$D(0)$ と $c(x,0)$ が決まれば，その値が決まる関数であるので

付録A6 データ同化と材料工学 141

$(D(0)$ と $c(x,0)$ が決まれば，通常の拡散シミュレーションで $c(x,t)$ が決まる），I を $D(0)$ と $c(x,0)$ のみの関数とみなすと，式(A6-2)の δI は，$\delta c(x,0)$ と $\delta D(0)$ が現れる項のみにて，

$$\delta I = \int_x \lambda_c(x,0)\delta c(x,0)dx + \lambda_D(0)\delta D(0) \tag{A6-3}$$

と表記できなくてはならない．したがって，式(A6-2)と式(A6-3)より，

$$\iint_{t,x}\left\{\left(\frac{\partial K}{\partial c}\right)+D\left(\frac{\partial^2\lambda_c}{\partial x^2}\right)+\frac{\partial\lambda_c}{\partial t}\right\}(\delta c)dxdt$$

$$+\int_t\left\{\left(\frac{\partial K}{\partial D}\right)+\int_x\lambda_c\left(\frac{\partial^2 c}{\partial x^2}\right)dx+\frac{\partial\lambda_D}{\partial t}\right\}(\delta D)dt$$

$$+\int_x[-\lambda_c(x,t_{max})\delta c(x,t_{max})]dx+[-\lambda_D(t_{max})\delta D(t_{max})]$$

$$+\iint_{t,x}\delta\lambda_c\left[D\frac{\partial^2 c}{\partial x^2}-\frac{\partial c}{\partial t}\right]dxdt-\int_t\delta\lambda_D\left[\frac{\partial D}{\partial t}\right]dt=0$$

が成立し，関係式：

$$\frac{\partial\lambda_c}{\partial t}=-D\left(\frac{\partial^2\lambda_c}{\partial x^2}\right)-\left(\frac{\partial K}{\partial c}\right),$$

$$\frac{\partial\lambda_D}{\partial t}=-\int_x\lambda_c\left(\frac{\partial^2 c}{\partial x^2}\right)dx-\left(\frac{\partial K}{\partial D}\right), \tag{A6-4}$$

$$\lambda_c(x,t_{max})=0,\quad \lambda_D(t_{max})=0,$$

$$\frac{\partial c}{\partial t}=D\frac{\partial^2 c}{\partial x^2},\quad \frac{\partial D}{\partial t}=0$$

が導かれる．さらに式(A6-3)を，あらためて全微分の形を意識して眺めると，

$$\lambda_c(x,0)=\frac{\partial I}{\partial c(x,0)},\quad \lambda_D(0)=\frac{\partial I}{\partial D(0)}$$

であることがわかる（汎関数微分の観点できちんと定義すべきであるが，直感的な理解を優先している点を記しておく）．もともと知りたい量は，$\partial I/\partial D(0)$ と $\partial I/\partial c(x,0)$ であったので，以上から，$\partial I/\partial D(0)$ と $\partial I/\partial c(x,0)$ を求める問題が，時間0におけるラグランジュの未定乗数：$\lambda_D(0)$ と $\lambda_c(x,0)$ を求める問題に置き換えられたことがわかる（この部分が，アジョイント法のノウハウの中心であるので，よくよく吟味されたい）．

さて，あらためて式(A6-4)を眺めると，λ_c と λ_D に関する偏微分方程式（アジョイント方程式と呼ばれる）が，

$$\frac{\partial\lambda_c}{\partial t}=-D\left(\frac{\partial^2\lambda_c}{\partial x^2}\right)-\left(\frac{\partial K}{\partial c}\right)\quad\Rightarrow\quad\frac{\partial\lambda_c}{\partial(-t)}=D\left(\frac{\partial^2\lambda_c}{\partial x^2}\right)+\left(\frac{\partial K}{\partial c}\right),$$

$$\frac{\partial\lambda_D}{\partial t}=-\int_x\lambda_c\left(\frac{\partial^2 c}{\partial x^2}\right)dx-\left(\frac{\partial K}{\partial D}\right)\quad\Rightarrow\quad\frac{\partial\lambda_D}{\partial(-t)}=\int_x\lambda_c\left(\frac{\partial^2 c}{\partial x^2}\right)dx+\left(\frac{\partial K}{\partial D}\right)$$

と書けることから，これらの微分方程式は時間を過去へさかのぼる微分方程式となっており，さらにこれらのアジョイント方程式の初期条件が，なんと式（A6-4）において，$\lambda_c(x, t_{\max})=0$ および $\lambda_D(t_{\max})=0$ にて，すでに与えられていることに驚く（著者は，この部分，あえて"驚く"と記した．以上は数学的にかつ普遍的に導かれるので偶然ではないが，アジョイント法の巧妙さが最も現れてる部分である）．つまり上記のアジョイント方程式を，$\lambda_c(x, t_{\max})=0$ および $\lambda_D(t_{\max})=0$ を初期条件に，時間 $t_{\max}$ から過去に向かって時間 0 まで数値計算することによって，$\lambda_D(0)$ と $\lambda_c(x, 0)$ が得られるわけである．$\lambda_c(x, 0)$ と $\lambda_D(0)$ は，それぞれ $t=0$ における I の勾配：$\partial I/\partial c(x, 0)$ と $\partial I/\partial D(0)$ であり，$\partial I/\partial c(x, 0)$ と $\partial I/\partial D(0)$ が得られたということは，勾配法によって，$c(x, 0)$ と $D(0)$ を数値計算にて算出できることを意味する（つまり初期濃度場推定およびパラメータ推定が可能となったことになる）．ここで，数値計算手順についてまとめてみよう．

━━━アジョイント法における数値計算の流れ━━━

アジョイント法における一連の数値計算の流れは，具体的に以下のようにまとめられる．

（a）　濃度プロファイルの実験データの入手

通常の拡散対実験等から，例えば，五つの時間における濃度プロファイル：$c_{obs.}(x, t_1) \sim c_{obs.}(x, t_5)$ が得られているとしよう．また初期濃度プロファイルの真値を $c_{true}(x, 0)$，また拡散係数の真値を $D_{true}(0)$ とする．したがって，この場合の問題設定としては，$c_{obs.}(x, t_1) \sim c_{obs.}(x, t_5)$ のデータを用いて，$c_{true}(x, 0)$ と $D_{true}(0)$ の値を推定する問題となる（なお通常の拡散対実験では，$c_{true}(x, 0)$ は既知であるので，$D_{true}(0)$ のみを推定する問題となる）．

（b）　$c_{true}(x, 0)$ と異なる初期条件 $c(x, 0)$，および $D_{true}(0)$ と異なる拡散係数 $D(0)$ を用いて，$c(x, t)$ を計算する（通常の拡散方程式に基づくシミュレーションを行う）．

（c）　この問題の場合，$(\partial K/\partial D)=0$ であることを考慮して，アジョイント方程式は，式（A6-4）より，

$$\frac{\partial \lambda_c}{\partial t} = -D\left(\frac{\partial^2 \lambda_c}{\partial x^2}\right) - \left(\frac{\partial K}{\partial c}\right) = -D\left(\frac{\partial^2 \lambda_c}{\partial x^2}\right) - w(t)\{c(x, t) - c_{obs.}(x, t)\},$$

$$\frac{\partial \lambda_D}{\partial t} = -\int_x \lambda_c\left(\frac{\partial^2 c}{\partial x^2}\right)dx,$$

となる．また未定乗数の初期条件は，式（A6-4）で与えられている $\lambda_c(x, t_{\max})=0$ および $\lambda_D(t_{\max})=0$ である．$c(x, t)$ には，（b）で計算された値を用い，$c_{obs.}(x, t)$ には，（a）の $c_{obs.}(x, t_1) \sim c_{obs.}(x, t_5)$ を用いる．アジョイント方程式を $t_{\max}$ から過

去に向かって時間 0 まで数値計算することによって，$\lambda_D(0)$ と $\lambda_c(x,0)$ が求まる．$\lambda_c(x,0)=\partial I/\partial c(x,0)$ および $\lambda_D(0)=\partial I/\partial D(0)$ であるので，勾配法を用いて，例えば，

$$c(x,0) \quad \Leftarrow \quad c(x,0)-\varepsilon\frac{\partial I}{\partial c(x,0)}=c(x,0)-\varepsilon\lambda_c(x,0),$$

$$D(0) \quad \Leftarrow \quad D(0)-\varepsilon\frac{\partial I}{\partial D(0)}=D(0)-\varepsilon\lambda_D(0)$$

にて，（ｂ）で初期設定した $c(x,0)$ と $D(0)$ を順次修正する（ε は小さな正の定数）．以上を $c(x,0)$ と $D(0)$ が収束するまで繰り返すことによって，$c_{\text{true}}(x,0)$ および $D_{\text{true}}(0)$ が得られる．なお最後の部分の繰り返し計算には，単純な勾配法以外に，準ニュートン法などの各種の収束アルゴリズムを活用することができる．

　以上がアジョイント法の流れであるが，この理論は，変分法により停留値問題を解いているわけではない点に注意されたい．変分は，あくまで，関係式と条件（アジョイント方程式と，アジョイント方程式を解くための初期条件）を導くために利用されている．アジョイント法の利点は，探索される解空間が，もともとの微分方程式（この場合は拡散方程式）にて限定される点にある．つまり無駄な計算が少なく，大自由度系を対象としたパラメータもしくは初期値推定問題に適している．一方，この手法の欠点は，対象とする方程式系が変われば，アジョイント方程式の形自体も変わるために，モデルごとに理論式から全てを構築し直さなくてはならない点である．つまり汎用プログラムを作ることは，ほぼ不可能である．

　ここで，フェーズフィールド法とアジョイント法との関係に触れておこう．上述のアジョイント法の欠点は広く知られているアジョイント法最大の短所であるが，実は，アジョイント法のフェーズフィールド法への適用を考えた場合，この部分は欠点にならない．もともとのフェーズフィールド法自体が，現象ごとに方程式そのものから定式化し直す場合がほとんどであるので，フェーズフィールド法へのアジョイント法の適用を想定した場合，プログラミングの手間はふつうのフェーズフィールド法を構築する場合と同等である．また優れたフェーズフィールドモデルほど，解空間がしっかりしているので，優れたアジョイント方程式に生まれ変わる．

　以上では，拡散係数と初期濃度場の推定を例に定式化を説明したが，フェーズフィールド法には，拡散係数だけでなく，材料工学における様々な定数が内在されている．これら全てが同化対象となるので，本手法の有用性は高いと言えよう[6]．

　フェーズフィールド法へのアジョイント法の適用について言及したが，アジョイント法は，微分方程式にて現象を記述する問題に普遍的に適用できる数学的手法である．またデータ同化プロセスの基本変数として，上記の例では時間 t の場合を取り

上げたが，微分方程式の形に記述できていれば，時間変数にこだわる必要もない．時間に関する微分方程式だけでなく，温度に関する微分方程式や，歪に関する微分方程式など，材料学には，多くの応用先があると思われる．

データ同化に関連する数学の基礎[1, 7]

最後に，データ同化に関連する数学的な基礎概念と関係式をまとめておこう．

・**確率**：未来に対する「事象の予測」

　例：サイコロで1の目が出る確率は1/6.

・**尤度**：ある仮説（モデル）が正しいと仮定した状況で，現実のデータが得られる確率（つまり，その仮説やモデルの確からしさのこと）

　例：サイコロが1個あり，このサイコロについて，以下の仮説を立てる．

　「仮説：このサイコロは，イカサマサイコロで1の目が2回に1回程度出る」

　この仮説の信頼性を確率で表現した量が「尤度」である．尤度が高いと，この仮説は「尤もらしい仮説」つまり信頼度の高い仮説と判断できる．実際にこれを確かめるには，サイコロを何回も振って，1〜6までの数値が出る確率を求めることになる．全てが統計的誤差範囲内で1/6であるならば，この仮説は誤りとなり，例えば，1の目が出る確率が，1/2程度になったならば，この仮説尤度は正しいことになる．重要な点は，尤度を求める際に，1/6などの確率の値が用いられている点である．確率は，事象に対する確率であり，尤度は仮説に対する尤度（確からしさ）であるので，同じ数値を用いていても，対象と目的が全く異なる点を理解しておくことが大切である（**著者は，「確率」と「尤度」を，それぞれ，「事象の確率」および「仮説の尤度」とよび区別している**）．

　工学の分野では，同一現象の解析において，異なるモデルを検討する場合がある．このとき，実験データに対して，それぞれのモデルの尤度（それぞれのモデルの確からしさ）の値を算出することによって，どのモデルが最も適しているかを判断することができるので，尤度という考え方は有用である．

・**確率密度関数**：$p(\mathbf{x})$ を確率密度関数とする．$p(\mathbf{x})$ は，$\int_{\mathbf{x}} p(\mathbf{x}) d\mathbf{x} = 1, \ 0 \leq p(\mathbf{x}) \leq 1$ を満たす．また $p(\mathbf{a}|\mathbf{b})$ を，$\mathbf{b}$ が与えられているときに $\mathbf{a}$ が起こる確率とすると，$\int_{\mathbf{a}} p(\mathbf{a}|\mathbf{b}) d\mathbf{a} = \int_{\mathbf{b}} p(\mathbf{a}|\mathbf{b}) d\mathbf{b} = 1$ である．

・**乗法定理**：$p(\mathbf{a}, \mathbf{b})$ を $\mathbf{a}$ と $\mathbf{b}$ の同時確率とすると，

$$p(\mathbf{a}, \mathbf{b}) = p(\mathbf{a}|\mathbf{b}) p(\mathbf{b}) = p(\mathbf{b}|\mathbf{a}) p(\mathbf{a})$$

付録 A6　データ同化と材料工学　　　　145

- **周辺化**：$p(\mathbf{a})=\int_b p(\mathbf{a},\mathbf{b})d\mathbf{b}=\int_b p(\mathbf{a}|\mathbf{b})p(\mathbf{b})d\mathbf{b}=\int_b p(\mathbf{b}|\mathbf{a})p(\mathbf{a})d\mathbf{b}$

- **ベイズの定理**：$p(\mathbf{b}|\mathbf{a})=\dfrac{p(\mathbf{a}|\mathbf{b})p(\mathbf{b})}{p(\mathbf{a})}$,　$p(\mathbf{b}|\mathbf{a},\mathbf{c})=\dfrac{p(\mathbf{a}|\mathbf{b},\mathbf{c})p(\mathbf{b}|\mathbf{c})}{p(\mathbf{a}|\mathbf{c})}$

（ベイズの定理は，乗法定理における同時確率の場合の変形である点に注意された
い）

- **確率変数の変換**：確率変数 $\mathbf{a}$ に対する確率密度関数を $p(\mathbf{a})$ とし，この $\mathbf{a}$ を別の確
率変数 $\mathbf{A}$ に変更したときの確率密度関数 $p(\mathbf{A})$ を求めたい．まず $\mathbf{a}$ と $\mathbf{A}$ の関係式は
既知として，$\mathbf{A}=g(\mathbf{a})$ とする．これより $p(\mathbf{A})$ は，

$$p(\mathbf{A})=p(\mathbf{a})\left\|\frac{\partial\mathbf{a}}{\partial\mathbf{A}^{\mathrm{T}}}\right\|=p(g^{-1}(\mathbf{A}))\left\|\frac{\partial\mathbf{a}}{\partial\mathbf{A}^{\mathrm{T}}}\right\|$$

となる．$\mathbf{A}^{\mathrm{T}}$ は $\mathbf{A}$ の転置行列，$|\partial\mathbf{a}/\partial\mathbf{A}^{\mathrm{T}}|$ はヤコビアン，および $|\partial\mathbf{a}/\partial\mathbf{A}^{\mathrm{T}}|$ の外側の
$\|\ \|$ は絶対値記号である．g^{-1} は g の逆関数で，与えられている $\mathbf{A}$ から $\mathbf{a}$ を求める関
数である．ここでヤコビアンが現れる理由は，$p(\mathbf{A})$ を求める際，単純に関数 $p(\mathbf{a})$ を
関数 $p(\mathbf{A})$ に変換するのではなく，$\int p(\mathbf{a})d\mathbf{a}=\int p(\mathbf{A})d\mathbf{A}$ となるように，積分内 $p(\mathbf{a})$
の部分を $p(\mathbf{A})$ に変換するためである．したがって，確率における変数変換は，通常
の積分における積分変数の変換と同一の操作となり，ヤコビアンが現れる．

- **多変量正規分布**：通常の 1 変数の正規分布は，

$$p(x|\mu,\sigma^2)=N(\mu,\sigma^2)=\frac{1}{\sqrt{2\pi\sigma^2}}\exp\left\{-\frac{1}{2\sigma^2}(x-\mu)^2\right\}$$

で，μ は平均値，σ^2 は分散である．これを多変数にした分布が多変量正規分布で，
ベクトル $\mathbf{x}$ の次元を k とした場合，

$$p(\mathbf{x}|\boldsymbol{\mu},\Sigma)=N(\boldsymbol{\mu},\Sigma)=\frac{1}{(2\pi)^{k/2}|\Sigma|^{1/2}}\exp\left\{-\frac{1}{2}(\mathbf{x}-\boldsymbol{\mu})^{\mathrm{T}}\Sigma^{-1}(\mathbf{x}-\boldsymbol{\mu})\right\}$$

にて与えられる．$\boldsymbol{\mu}$ は平均ベクトル，Σ は分散共分散行列，および $|\Sigma|$ は Σ の行列式
である．分散共分散行列の成分は，$\Sigma_{ij}=\mathrm{E}[(x_i-\mu_i)(x_j-\mu_j)]$ で，ここで，$\mathbf{x}=$
$(x_1\ x_2\ \cdots\ x_k)^{\mathrm{T}}$，および $\mu_i=\mathrm{E}(x_i)$ である（E は期待値を表す記号）．

- **多変量正規分布サンプルの数値計算法**：k 次元の平均ベクトル $\boldsymbol{\mu}$ と分散共分散行列
Σ（Σ 内の各成分は σ_{ij}）が既知であるとき，

$$p(\mathbf{x}|\boldsymbol{\mu},\Sigma)=N(\boldsymbol{\mu},\Sigma)=\frac{1}{(2\pi)^{k/2}|\Sigma|^{1/2}}\exp\left\{-\frac{1}{2}(\mathbf{x}-\boldsymbol{\mu})^{\mathrm{T}}\Sigma^{-1}(\mathbf{x}-\boldsymbol{\mu})\right\}$$

に従う k 次元サンプル $\mathbf{x}$ を，乱数を用いて N 個（つまり，$\mathbf{x}_1,\mathbf{x}_2,\mathbf{x}_3,\cdots,\mathbf{x}_i,\cdots,\mathbf{x}_N$）
生成したいとする．まず形式的な手順は，以下のようにまとめられる．

（1）　$\Sigma=LL^{\mathrm{T}}$ となる行列 L を計算する（数値計算には，例えばコレスキー分解
等が用いられる）．また L は，$k\times k$ 下三角行列である．

（2）1次元の正規白色ノイズ（平均値0で分散が1）の実現値 $u_i^{(j)}(i=1,\cdots,N, j=1,\cdots,k)$ を k 個並べたベクトル：$\mathbf{u}_i=(u_i^{(1)}, u_i^{(2)}, \cdots, u_i^{(k)})^{\mathrm{T}}$, $(i=1,\cdots,N)$ を, 乱数を用いて N 個準備する（数値計算には, 例えばボックス–ミュラー法等を用いるとよい）.

（3）L と $\mathbf{u}_i$, および平均ベクトル $\boldsymbol{\mu}$ を用いて, $\mathbf{x}_i$ は, $\mathbf{x}_i=L\mathbf{u}_i+\boldsymbol{\mu}$ にて計算される.

手順は以上となるが, ここで確認してみよう. $\mathbf{u}_i$ は上記の設定から, 平均ベクトルが $\mathbf{0}$ で分散共分散行列が単位行列 I の k 次元正規白色ノイズである. したがって, 確率密度関数は,

$$p(\mathbf{u}|\mathbf{0}, I)=N(\mathbf{0}, I)=\frac{1}{(2\pi)^{k/2}|I|^{1/2}}\exp\left(-\frac{1}{2}\mathbf{u}^{\mathrm{T}}I^{-1}\mathbf{u}\right)=\frac{1}{(2\pi)^{k/2}}\exp\left(-\frac{1}{2}\mathbf{u}^{\mathrm{T}}\mathbf{u}\right)$$

と表現される. $\mathbf{x}=L\mathbf{u}+\boldsymbol{\mu}$ としたので, $\mathbf{u}=L^{-1}(\mathbf{x}-\boldsymbol{\mu})$ を代入し, 変数を $\mathbf{u}$ から $\mathbf{x}$ へ変換する. ただし確率密度関数の変数変換であるので, ヤコビアンも考慮して式変形する必要があり,

$$p(\mathbf{x})=p(L^{-1}(\mathbf{x}-\boldsymbol{\mu}))\left\|\frac{\partial \mathbf{u}}{\partial \mathbf{x}^{\mathrm{T}}}\right\|=\frac{1}{(2\pi)^{k/2}}\exp\left\{-\frac{1}{2}[L^{-1}(\mathbf{x}-\boldsymbol{\mu})]^{\mathrm{T}}[L^{-1}(\mathbf{x}-\boldsymbol{\mu})]\right\}\|L^{-1}\|$$

$$=\frac{1}{(2\pi)^{k/2}\|L\|}\exp\left\{-\frac{1}{2}(\mathbf{x}-\boldsymbol{\mu})^{\mathrm{T}}(L^{-1})^{\mathrm{T}}L^{-1}(\mathbf{x}-\boldsymbol{\mu})\right\}$$

$$=\frac{1}{(2\pi)^{k/2}|\Sigma|^{1/2}}\exp\left\{-\frac{1}{2}(\mathbf{x}-\boldsymbol{\mu})^{\mathrm{T}}\Sigma^{-1}(\mathbf{x}-\boldsymbol{\mu})\right\}$$

と計算される. ここで, $\Sigma=LL^{\mathrm{T}}$ より,

$$\Sigma^{-1}=(LL^{\mathrm{T}})^{-1}=(L^{\mathrm{T}})^{-1}L^{-1}=(L^{-1})^{\mathrm{T}}L^{-1}, \quad L=\Sigma^{1/2}$$

となり, k 次元における平均ベクトル $\boldsymbol{\mu}$ と分散共分散行列 Σ の多変量正規分布の理論式に一致する. なお $A^{\mathrm{T}}(A^{-1})^{\mathrm{T}}=(A^{-1}A)^{\mathrm{T}}=I$ であるから,

$$(A^{\mathrm{T}})^{-1}A^{\mathrm{T}}(A^{-1})^{\mathrm{T}}=(A^{\mathrm{T}})^{-1}I\rightarrow(A^{-1})^{\mathrm{T}}=(A^{\mathrm{T}})^{-1}$$

である点に注意されたい（$AB(B^{-1}A^{-1})=I\rightarrow B^{-1}A^{-1}=(AB)^{-1}$）.

[参考文献]

[1] 樋口知之他：データ同化入門（予測と発見の科学）, 朝倉書店（2011）.

[2] 北川源四郎：時系列解析入門, 岩波書店（2005）.

[3] 淡路敏之, 池田元美, 石川洋一, 蒲地政文：データ同化—観測・実験とモデルを融合するイノベーション, 京都大学学術出版会（2009）.

[4] 久保拓弥：データ解析のための統計モデリング入門, 岩波書店（2012）.

[5] 小山敏幸, 塚田祐貴：ふぇらむ, **23**（2018）, 680-686.

[6] S. Ito, H. Nagao, A. Yamanaka, Y. Tsukada, T. Koyama, M. Kano, J. Inoue : Physical Review E, **94**, 043307 (2016).

[7] C. M. ビショップ 著, 元田浩ら 監訳 : パターン認識と機械学習 (上・下), 丸善 (2012).

付録 A7

Java による非常に簡単な科学技術プログラミング
―実行環境の設定，実行方法，およびプログラムのダウンロードについて―

A7.1　はじめに

　ここでは Java[1]を用いた非常に簡単なプログラミング（科学技術計算）について説明する．ただし内容については，計算に必要な最小限度の内容にとどめている．

　さて，従来，Java 関連の書籍では，文字列を"Hello World"と表示するところから始まり，クラスの概念，インスタンスの生成，継承，…など，オブジェクト指向[1]のプログラミングの考え方が展開される場合が多い．Java を用いてソフトウェア（ごく簡単なものも含めて）を作成することを目的とするならば，このような教科書は有用である．しかし，技術者・研究者で，ソフトウェア作成ではなく，単純に数値計算がしたいだけであるならば，上記のテキストの大部分は必要のない知識である．なぜならば，通常，技術者・研究者が計算において必要とする操作の大部分は，以下の三種類のみであるからである．

（1）手続き的な数値の計算

（2）結果の可視化（グラフや画像）

（3）数値データの保存と読み出し

きちんとしたソフトウェア作成自体を目的としなければ，プログラムにおいて，ボタンなどのコンポーネントの作成や過度の例外処理などは必要ない．単にソースプログラムが書けて，それをコンパイルし，上記三つの操作に対して，プログラムを実行して結果さえ得られればよい（計算結果の数値データさえ保存できれば，それを綺麗にグラフ化・可視化するソフトは巷にあふれている）．プログラムに入力値が必要な場合には，極論すれば，ソースコードに毎回直接書き込み，そのつどコンパイルして実行しても，ほとんどの場合，日常必要とする数値計算に支障は起きない．荒っぽい言い方であるかもしれないが，プログラムも，実行するたびにその都度強制終了するもの（終了操作の記述自体を含まないプログラム）であってもかまわないのである[2]．

　Java に限った話ではないが，基本的に通常の Windows ソフトウェアを作成することを目的としてしまうと，イベントドリブン型の部分，すなわち，ボタンやツールバー，テキストボックス，クリック，ドラッグ，…など，本来の数値計算部分とは全く無関係な部分を作り込まなくてはならなくなるために，Windows プログラミングは非常に複雑になる（コンポーネントウェアの概念にてプログラミングの手間

はかなり削減されてはいるが，根本的に数値計算以外の部分が多く煩雑である点にかわりはない）．数値計算を行いたいだけであるならば，ボタンやツールバー，クリック，ドラッグなどのイベントドリブン型の部分の知識は全く必要ないので，この部分の学習は後回しでかまわない（後々，きちんとした Windows ソフトウェアを作成したくなったときにあらためて勉強すればよい）．

　もう一つ最近のパソコンの高性能化をあらためて考えてみていただきたい．現在のパソコンは，十年前の通常の大型計算機並みの能力がある．十年前，数千万円単位であったマシンが，現在は数万円で個人的に購入できるのである（実験機器でたとえるならば，十年前の最新鋭の電子顕微鏡が，現在，個人で買えるようになったようなものである）．これを研究・教育に使わないのは，明らかにもったいない．もちろん，既存のソフトウェアは豊富であり，文書作成や研究発表などでパソコンは大いに活用されている．しかし，みずからソースコードを書いて数値計算する用途には，あまり使用されていないのではないだろうか．本当は誰でも簡単にプログラミングして数値計算できるのである．

　そこで，以下では，上記の三つの操作に限定して，非常に簡単に Java アプリケーションを作成する手法を解説する．なお Java アプレット（ネットワークを通して Web ブラウザに読み込まれ実行される Java のアプリケーションの一種）[1]については言及しない．Java アプレットには，インターネット上で稼動するソフトウェアを簡単に作成できる利点があるが，セキュリティーの関係で，データのディスクへの保存機能がない．これでは数値計算してもデータを保存できないので，上記(3)の操作を実行できず，技術者・研究者における日常の数値計算の目的からはふさわしくないからである．ちなみに，Java アプリケーションを Java アプレットに書き直すことは，それほど難しくはなく，また Java アプレットに関しては多くの入門書が出版されているので，興味のある読者はトライされることを薦める．言語として Java を選んだ理由は，Java は OS に非依存であるので，MS-Windows でも Mac でも Linux でも，同一のソースプログラムにて計算できるからである．特にグラフィックスに関するライブラリーが OS に依存しない点も重要である．さらにインターネットを通じて無料でプログラミング環境が入手できる点も利点であろう．

A7.2　Java 本体の入手先およびソースコードの実行方法

　Java 本体のインストールの詳細については，ホームページ（https://www.oracle.com/technetwork/java/index.html）などを参照していただきたい（**jre ではなくjdk をインストールする点に注意**）．また以下，OS は MS-Windows XP 以降とする．Java のバージョンに関しては，本計算では JDK 5 以降とし（旧版執筆時の最新バー

150 付録 A7 Java による非常に簡単な科学技術プログラミング

ジョンは JDK6 Update 24），Java のインストール先については，上記 URL から
Java 本体をダウンロードして，C ドライブの c:¥jdk6_tmp にインストールされてい
るものとする（ディレクトリは新規に作成する）．

　さて，ソースコードのコンパイルおよび実行方法について説明しよう．ソース
コードの名前を例えば，"F_curve_FePt.java" とする．F_curve_FePt.java のファイ
ル形式は通常のテキストファイルである（MS-Windows の "メモ帳" などで読み書
きできる形式）．ソースコードをコンパイルするために，バッチファイル（MS-
DOS，OS/2，Windows でのコマンドプロンプトに行わせたい命令列をテキストファ
イルに記述したもので，UNIX 系オペレーティングシステムのシェルスクリプトに相
当する）を作成しておくとよい．著者は，図 A7.1 のようなバッチファイルを使用し
ている．ファイル名は "vjc.bat" で（ファイル形式はテキストファイル），内容を図
A7.1 に示す（Java 本体は c:¥jdk6_tmp にインストールされている場合を想定して
いる）．このバッチファイル vjc.bat とソースコード F_curve_FePt.java は，C:
¥tmp_program にあるものとする．コマンドプロンプト（通常，MS-Windows のア
クセサリー内にある）を起動し，カレントディレクトリを C:¥tmp_program に移動
して，C:¥tmp_program＞vjc F_curve_FePt.java と入力しリターンすることによっ
て，F_curve_FePt.java がコンパイルされる．エラーがなければクラスファイル F_
curve_FePt.class が生成される．エラーがある場合には，エラーメッセージとそのエ
ラーが存在するソースコード上の行番号がコマンドプロンプト画面に示されるので，
エラーメッセージに従いソースコードを修正する．

　プログラムの実行（得られた F_curve_FePt.class の実行）には，図 A7.2 のバッ
チファイルを使用するとよい（ファイル名を "vj.bat" とする）．具体的には，C:
¥tmp_program＞vj F_curve_FePt と入力し（拡張子の class は必要ない）リターン
することによって，プログラム（F_curve_FePt.class）を実行することができる（な
おプログラムを停止するには，画面右上の × をクリックして，強制終了する）．な
お上記のバッチファイルでは，毎回，現行の path を書き換えて，処理を行った後，
再び path を元に戻す操作を行っており，あまりスマートではない．OS の path 設定

```
set JAVADir=c:¥jdk6_tmp
set path_1=%path%
path %JAVADir%¥bin;%JAVADir%¥include;%JAVADir%¥lib;
javac -deprecation %1 %2 %3 %4 %5 %6 %7 %8 %9
path ;
path %path_1%
```

図 A7.1　vjc.bat の内容.

付録 A7　Java による非常に簡単な科学技術プログラミング　　　151

```
set JAVADir=c:¥jdk6_tmp
set path_1=%path%
path %JAVADir%¥bin;%JAVADir%¥include;
java %1 %2 %3 %4 %5 %6 %7 %8 %9
path ;
path %path_1%
```

図 A7.2　vj.bat の内容.

にあらかじめ Java 関連の path を追加しておけば，この部分の操作は不要となる.

A7.3　プログラムの説明

　以下では，実際の研究に役に立つ代表的な例題プログラム F_curve_FePt.java について説明する. F_curve_FePt.java は，以下の一連の操作を行っている.

（1）規則度 s の自由エネルギー関数 $G(s)$ を計算し，s と $G(s)$ の離散数値データを配列に入力

（2）s と $G(s)$ の配列を描画（自由エネルギー曲線）

（3）s と $G(s)$ の配列をディスクに保存

（4）（3）で保存された s と $G(s)$ の配列を読み出し，別の配列に入力

（5）（4）の配列データを再描画

　したがって，データの数値計算，グラフ化，保存，および読出しの一連の操作が，このコードに含まれている. 通常の技術系の計算では，以上ができれば，ほとんどの作業が可能となる. なお自由エネルギーの数値データを計算したいだけならば，上記の（4）と（5）は必要ない.（4）と（5）はデータの読み出し部分の説明のために加えたものである. また上記の関数 G は，本書の FePt の変位型変態の計算に用いた化学的自由エネルギー曲線である.

　さて，プログラム F_curve_FePt.java の全体構成は，**図 A7.3** のようになっている. Java のプログラムの基本はクラスであり，このプログラムは，F_curve_FePt という名前のクラスである（このプログラムには，グラフ表記が含まれるので，Frame クラスを継承して定義している）. 図 A7.3 の最初の import 文は C 言語[3]における include 文に相当する. 続いてクラスの中身について説明する. クラス全体で共通に使用する変数（や配列）が，「グローバル変数」である. コンストラクタ[1]は，このクラスの実体（この場合は画面）を作成する部分である（厳密ではないが，グラフを書くための下地の Window の設定と考えてもよい）. メインプログラムが実際の計算処理および描画を行っているプログラム部分である. その後の4行がサブルーチンで，それぞれ，自由エネルギーの値を計算する部分，自由エネルギーのグ

152   付録 A7　Java による非常に簡単な科学技術プログラミング

```
import文
public class F_curve_FePt extends Frame{
  グローバル変数
  public F_curve_FePt(){}                //コンストラクタ
  public static void main(String[] args){}  //メインプログラム
  double G(double s, double AA1){}       //自由エネルギー関数
  public void paint(Graphics g){}         //自由エネルギーのグラフ描画
  private void datsave(){}                //データの保存
  private void datin(){}                  //データの読み出し
}
```

図 A7. 3　F_curve_FePt.java の構成.

ラフの描画，数値データのハードディスクへの保存，およびハードディスクからの
数値データの読み出しに対応している（プログラムの実行は，コマンドプロンプト
から行うので，標準入出力画面はコマンドプロンプト画面となる）.

　さて F_curve_FePt.java のプログラムソースは著者のホームページ（後述）より
ダウンロードできる．Java では，ソースプログラムにおいて，ダブルスラッシュ
"//" 以降の１行がコメント文として扱われるので（C++ でも同様），プログラム
の内容説明は，ソースプログラム内にコメント文として，直接書き込んである.

　図 A7. 4 はプログラム：F_curve_FePt.java を実行したときの自由エネルギー曲線
である．縦軸が自由エネルギーで，横軸が組成，始めに図 A7.4(a)の曲線が表示さ
れ，５秒ほどしてから，図 A7.4(b)のように曲線が上書きされる．ここでのグラフ
表示は，計算時の結果確認を意図しており，綺麗なグラフ作成を目的としていない.
したがって，単に曲線の描画のみにとどめ，縦軸や横軸の説明などの表示は全て省
略している．曲線の数値データはハードディスクに保存されているので，例えば論
文用などの図を描きたいときには，この数値データを各種のグラフ作成ソフトなど
に読み込んで綺麗に清書すればよい（ちなみに図 7.2 の自由エネルギー曲線は，こ
の数値データを読み込んでグラフ作成ソフトにて描いたものである）．最近では，非
常に優れたグラフ作成ソフトや可視化ソフトが簡単に入手できるようになり，また
多くのグラフ作成ソフトには，関数を定義して曲線を描く機能は内蔵されている.
関数が初等的で簡単な式ならば問題はないが，数値積分や収束計算などが含まれる
場合には役に立たない．ここで説明した手法ならば，もともとソースコードを自分
自身で書いているのであるから，いかなる計算にも対処でき，ソフトの制約を受け
ない．さらに作成したプログラムは，自分が一生使える資産となって積み上がって
いく点も強調しておきたい.

付録 A7　Java による非常に簡単な科学技術プログラミング　　　153

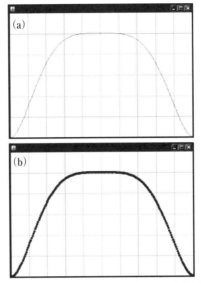

図 **A7.4**　自由エネルギー曲線の計算結果.
（a）1 回目の描画，（b）2 回目の描画.

A7.4　おわりに

　F_curve_FePt.java は一例題に過ぎないが，これを修正・改良することによって，様々な技術系の数値計算に対応したプログラムを自由に作成することができる．実際，本書の組織形成シミュレーションは全て，F_curve_FePt.java を修正してプログラミングした．また本プログラムは，各種の実験データを解析するプログラムの作成などにも役立つと思う．

　ここで説明したバッチファイルやソースコード，また本書にて説明した各種シミュレーションのソースコードなどは，全て著者のホームページ（https://www.material.nagoya-u.ac.jp/PFM/zairyougaku_koyama.htm）よりダウンロードできるので，ご自由にお使いいただきたい．また各種シミュレーションのソースコードのコンパイルおよび実行方法も，上記にて説明した手法と同じである．また本書の内容修正情報やより進んだ解析法（シミュレーションのソースコードを含む）なども追加・更新していく予定であるので随時参照していただきたい．

　なお本プログラムなどに関して不具合・トラブルが発生しても，著者および(株)内田老鶴圃は責任を負いませんのでご了承ください．

［参考文献］

[1] 宮坂雅輝：エッセンシャル Java（2nd edition），ソフトバンククリエイティブ（2003）.

[2] 小山敏幸：まてりあ，**48**（2009），466.

[3] 柴田望洋：明解 C 言語　入門編，ソフトバンククリエイティブ（2004）.

付録 A8

Python によるフェーズフィールドシミュレーション

A8.1　はじめに

　ここでは Python[1, 2] を用いたフェーズフィールドシミュレーションについて説明する．本書旧版の執筆時には，Python はプログラミング言語としては，ほとんど注目されていなかった．もともと Python は，スクリプト言語として発展してきた経緯もあり，科学技術計算で重要な計算速度の面で，他の FORTRAN や C 言語に太刀打ちできなかったためである．しかし，リストの概念を活用した配列変数の一括計算による高速化や機械学習関連のライブラリ充実を背景に，近年，科学技術計算において中核的な言語に成長しつつある[3]．フェーズフィールド法においても，Python 環境下でのシミュレーションも増加しつつある．そこで，本付録では，第 6 章「拡散相分離のシミュレーション」の Python プログラムを掲載するとともに，従来のシミュレーションプログラムとの相違点を解説する．

A8.2　Python のインストール

　Python 環境のインストールには種々の方法があるが，ここでは最も簡単な，Anaconda を利用する方法を採用しよう．本増補新版執筆時において，Anaconda のダウンロードサイトは，https://www.anaconda.com/distribution/ で，Python のバージョンは，Python 3.7 である．インストールには，ここからインストーラをダウンロードし，通常のソフトウェアの場合と同様に，普通にインストールするだけである．詳細については，多くの解説書も出版されているが，この分野はネット検索で簡単に情報が見つかるので，適宜検索されたい．Anaconda の利点は，Python 関連の各種のツール群（QtConsole, Jupyter Notebook, JupyterLab, Spyder 統合環境など）が，一括してインストールされる点にある．ここでは，フェーズフィールドシミュレーションのプログラミングを念頭に置くので，Spyder 統合環境を使用することとする．

A8.3　Python によるフェーズフィールドシミュレーション

　以下に，第 6 章の A-B 二元系における二次元スピノーダル分解シミュレーションについての Python コードを二つ示す．なお，第 6 章と第 7 章で説明したシミュレーションの Python コードは，以下の URL：

155

156   付録 A8　Python によるフェーズフィールドシミュレーション

https://www.material.nagoya-u.ac.jp/PFM/Phase-Field_Modeling.htm
からダウンロードできるので，適宜参照されたい（なお Python では，インデント
が，プログラム構造上，重要な意味を持つので，以下のプログラムをデジタルス
キャンすることは，お勧めしない）．シミュレーションの内容に関しては，以下のプ
ログラム内にコメント（Python では，# 以降の 1 行がコメント）にて説明してある
ので，プログラムを読みながら，一つ一つ確認してほしい．第 6 章の理論式と対応
させながら学習すると，実際のシミュレーションにおいて，どのように数値計算が
進行しているかを理解することができる．Spyder 統合環境で，これらのソースコー
ドを読み込んで実行すると，計算結果の組織変化は，Spyder 統合環境内の IPython
コンソールに表示されるので，ぜひとも試してみていただきたい．なお本プログラ
ム等に関して不具合・トラブルが発生しても，著者および(株)内田老鶴圃は責任を
負いませんのでご了承ください．

① A-B 二元系のスピノーダル分解シミュレーションの Python コード

```python
import numpy as np
import matplotlib.pyplot as plt


ND = 64  # 1 辺の差分分割数

# 濃度場計算発展の 1 ステップ
def step(cc):
    res = cc + dcdt(cc) * delt
    res = comp(res)
    return res

# 非線形拡散方程式 式(6-12)
def dcdt(cc):
    return Mc * laplacian(diff_pot(cc) - 2.0 * kappa * laplacian(cc))

# 拡散ポテンシャルの計算
def diff_pot(cc):
    return L0 * (1.0 - 2.0 * cc) + (np.log(cc) - np.log(1.0 - cc))

# 二次元のラプラシアン
def laplacian(array):
    result = -4 * array  # 元の配列の-4 倍の配列を用意
# それぞれの軸に対して-1, 1 要素ずつずらした配列を足し込む（境界は周期境界）
```

付録 A8 Python によるフェーズフィールドシミュレーション　　**157**

```
    result += np.roll(array, 1, 0)
    result += np.roll(array, -1, 0)
    result += np.roll(array, 1, 1)
    result += np.roll(array, -1, 1)
    return result


# 濃度場収支補正
def comp(cc):
    res = cc - (np.average(cc) - c0)  # 平均濃度の補正
    res = np.clip(res, 0.00001, 0.99999)  # 濃度変域の補正
    return res


# 初期濃度場の生成
def init():
    c = c0 + 0.01 * (2.0 * np.random.rand(ND, ND) - 1.0)
    return c


# 計算条件における定数の設定
c0 = 0.4 # 合金組成（B成分のモル分率）
al = 60.0 * 1.0e-9 # 二次元計算領域一辺の長さ［m］
b1 = al / ND # 差分ブロック一辺の長さ［m］


time1 = 0 # 初期時間（実時間ではなく繰り返し回数）
time1max = 10000 # 終了時間（実時間ではなく繰り返し回数）


temp = 1000 # 時効温度［K］
rr = 8.3145 # ガス定数［J/(mol K)］
delt = 0.01 # 時間きざみ［無次元］
rtemp = rr * temp # エネルギーの規格化定数 RT［J/mol］


L0 = 25000.0 / rtemp # 原子間相互作用パラメータ［J/mol］/RT
kappa = 5.0e-15 / b1 ** 2 / rtemp # 濃度勾配エネルギー係数［Jm^2/mol］/b1^2/RT
Mc = c0*(1.0-c0) # 原子拡散の易動度［無次元］


# 初期濃度場の設定
c = init()


# 濃度場の時間発展の計算ループ
for time1 in range(time1max):
```

```
        c = step(c) # 濃度場の時間発展

# 描画
    if time1 % 200 == 0: # 200 タイムステップごとに描画
        plt.clf() # 描画内容クリア
        plt.imshow(c)  # 濃度場の描画
        plt.clim(0, 1)  # カラースケールの最大，最小の設定
        plt.pause(0.01)  # 0.01 秒間表示
```

② A-B 二元系のスピノーダル分解シミュレーションの Python コード（通常の，C 言語や Java 言語のソースコードをそのまま Python に移植した場合）

```
import numpy as np
import matplotlib.pyplot as plt
from numpy.random import *



ND=64 #1 辺の差分分割数

# 初期濃度場の生成
def init():
    for i in range(ND):
        for j in range(ND):
            ch[i][j]=c0+0.01*(2.0*rand()-1.0)
    return ch

# 計算条件における定数の設定
ndm=ND-1

ch=[[0.0 for i in range(ND)] for j in range(ND)]
ch2=[[0.0 for i in range(ND)] for j in range(ND)]
ck=[[0.0 for i in range(ND)] for j in range(ND)]


c0=0.4 # 合金組成（B 成分のモル分率）
al=60.0*1.0e-9 # 二次元計算領域一辺の長さ [m]
b1=al/ND # 差分ブロック一辺の長さ [m]

time1=0 # 初期時間（実時間ではなく繰り返し回数）
time1max=10000 # 終了時間（実時間ではなく繰り返し回数）
```

付録 A8　Python によるフェーズフィールドシミュレーション　159

```python
delt=0.01 # 時間きざみ［無次元］

rr=8.3145 # ガス定数［J/(mol K)］
temp=1000.0 # 時効温度［K］
rtemp=rr*temp # エネルギーの規格化定数 RT［J/mol］

L0=25000.0/rtemp # 原子間相互作用パラメータ［J/mol］/RT
kappa_c=5.0e-15/b1/b1/rtemp # 濃度勾配エネルギー係数［Jm^2/mol］/b1^2/RT

Mc=c0*(1.0-c0) # 原子拡散の易動度［無次元］

# 初期濃度場の設定
ch=init()

# 濃度場の時間発展の計算ループ
for time1 in range(time1max):

#****** ［ポテンシャルの計算］ *********************************
    for i in range(ND):
        for j in range(ND):
            ip=i+1 # 周期的境界条件
            im=i-1
            jp=j+1
            jm=j-1
            if i==ndm:
                ip=0
            if i==0:
                im=ndm
            if j==ndm:
                jp=0
            if j==0:
                jm=ndm

            mu_chem=L0*(1.0-2.0*ch[i][j])+np.log(ch[i][j])-np.log(1.0-ch[i][j])
                # 化学ポテンシャルの差
            mu_surf=-2.0*kappa_c*(ch[ip][j]+ch[im][j]+ch[i][jp]+ch[i][jm]-4.0*ch[i][j])
                # 濃度勾配エネルギーポテンシャル
            ck[i][j]=mu_chem+mu_surf # 拡散ポテンシャル
```

付録 A8　Python によるフェーズフィールドシミュレーション

```python
#****** ［発展方程式の計算］ ***********************************
    for i in range(ND):
        for j in range(ND):
            ip=i+1 # 周期的境界条件
            im=i-1
            jp=j+1
            jm=j-1
            if i==ndm:
                ip=0
            if i==0:
                im=ndm
            if j==ndm:
                jp=0
            if j==0:
                jm=ndm
            cddtt=Mc*(ck[ip][j]+ck[im][j]+ck[i][jp]+ck[i][jm]-4.0*ck[i][j])
                # 非線形拡散方程式 式(6-12)
            ch2[i][j]=ch[i][j] + cddtt * delt # 陽解法


    sumc=0.0 # 濃度場の収支補正
    for i in range(ND):
        for j in range(ND):
            sumc+=ch2[i][j]
    dc0=sumc/ND/ND-c0
    for i in range(ND):
        for j in range(ND):
            ch[i][j]=ch2[i][j]-dc0
            if ch[i][j]>=1.0: # 濃度変域の補正
                ch[i][j]=0.99999
            if ch[i][j]<=0.0:
                ch[i][j]=0.00001


# 描画
    if time1 % 200 == 0: # 200 タイムステップごとに描画
        plt.clf() # 描画内容クリア
        plt.imshow(ch) # 濃度場の描画
        plt.clim(0, 1) # カラースケールの最大，最小の設定
        plt.pause(0.01) # 0.01 秒間表示
```

　さて，上記の①と②は同じシミュレーション結果（図6.5）を与える．まず FOR-
TRAN（また C 言語や Java 言語）などの，これまでのプログラミング言語に慣れて

いる読者は，②のコードの方が読みやすいと思う．一方，①のコードでは，濃度場の二次元配列に関係する計算部分が，ループ計算の形式ではなく，変数のように一括されて計算されている点に注目してほしい．Python においても，もちろん②のようにループ計算を用いてプログラムを書くことができるが，計算速度が極端に遅くなる欠点がある（実際に，両者を計算してみると，みごとに体感できる）．Python の特徴は，同じ結果を算出するプログラムを，様々な形式で書くことができる点であろう．特に数値計算の観点からは，配列計算に関係する自由度が Python では格段に向上している．いわば Python は，プログラムの書き方によって，計算速度を大幅に速くすることが可能な言語である．各種の Python ライブラリも日進月歩で積み上がっており（特に機械学習の分野[3]），これらの利用によって，計算速度および利便性はさらに加速する．可視化関連も含めて，科学技術計算上の作業効率において Python の有用性向上は著しい．単純な計算速度では，現状，まだ FORTRAN や C 言語が Python よりも優位であるが，これはコンパイラ開発の歴史に支えられている部分もあるので，今後は，計算科学において，どの言語が優位となるかはわからない．著者は，C 言語をシミュレーションの中核に据え，日常作業も含めた道具としてのプログラミングに Python を活用するスタンスが，現状，最もメリットが高いと考えている．なおプログラミングの基本を理解するには Java もしくは C++ の体系をきちんと学ぶことが有益である．

[参考文献]
[1] 中久喜健司：科学技術計算のための Python 入門，技術評論社（2016）.
[2] 小高知宏：Python による数値計算とシミュレーション，オーム社（2018）.
[3] 伊藤 真：Python で動かして学ぶ！ あたらしい機械学習の教科書，翔泳社（2018）.

参 考 文 献

以下参考のため，本書に関連した代表的な論文および教科書などを挙げておく．

・熱力学の基礎
［1］　清水　明：熱力学の基礎，東京大学出版会（2007）.
［2］　H. B. キャレン 著，小田垣孝 訳：熱力学および統計物理入門（上，下）（第2版），吉岡書店（1998）.
［3］　相沢洋二：キーポイント熱・統計力学，岩波書店（1996）.
［4］　橋爪夏樹：熱・統計力学入門，岩波書店（1981）.
［5］　菊池良一，毛利哲雄：クラスター変分法，森北出版（1997）.

・状態図の基礎
［1］　西澤泰二：ミクロ組織の熱力学，日本金属学会，丸善（2005）.
［2］　N. Saunders and A. P. Miodownik：CALPHAD, Pergamon（1998）.
［3］　H. L. Lukas, S. G. Fries and B. Sundman：Computational Thermodynamics-The Calphad Method, Cambridge Univ. Press（2007）.
［4］　M. Hillert：Phase Equilibria, Phase Diagrams and Phase Transformations：Their Thermodynamic Basis, Cambridge University Press；2nd ed.（2007）.

・相変態の基礎
［1］　榎本正人：金属の相変態，内田老鶴圃（2000）.
［2］　藤田英一：金属物理-材料科学の基礎-，アグネ技術センター（1996）.
［3］　阿部秀夫：金属組織学序論，コロナ社（1967）.

・フェーズフィールド法に関するもの
［1］　日本数理生物学会 編：シリーズ数理生物学要論 巻2,「空間」の数理生物学，共立出版（2009），167.
［2］　矢川元基，宮崎則幸 編：計算力学ハンドブック，朝倉書店（2007），376.
［3］　西浦廉政：非平衡ダイナミクスの数理，岩波書店（2009）.
［4］　S. Yip（Ed.）：Chapter 7 in Handbook of Materials Modeling, Springer-Verlag, Netherlands（2005），2081.

[5]　H. Czichos, T. Saito and L. Smith (Eds)：Chapter 21 in Springer Handbook of Materials Measurement Methods, Springer-Verlag (2006), 1031-1054.

[6]　宮崎　亨：まてりあ, **41** (2002), 334.

[7]　小山敏幸：まてりあ, **42** (2003), 397, 470.

[8]　小山敏幸：ふぇらむ, **9** (2004), 240, 301, 376, 497, 905.

[9]　小山敏幸：まぐね, **3** (2003), 564.

[10]　T. Koyama：Sci. and Tech. of Adv. Mater., **9** (2008), 013006.

[11]　小山敏幸：日本金属学会誌, **73** (2009), 891.

[12]　小山敏幸：金属, **80** (2010), 92.

[13]　高木知弘：機械の研究, **61** (2009), 353 より長期連載

[14]　http://www.pfm.kit.ac.jp/index.html（フェーズフィールド法関連の最新情報がまとめられている）

[15]　N. Provatas and K. Elder：Phase-Field Methods in Materials Science and Engineering, Wiley-VCH (2010).

・発展方程式に関するもの

[1]　高橋　康：古典場から量子場への道, 講談社サイエンティフィク (1979).

[2]　イリヤ・プリゴジン, ディリプ・コンデプディ 著；妹尾　学, 岩元和敏 訳：現代熱力学-熱機関から散逸構造へ-, 朝倉書店 (2001).

・勾配エネルギー関連（特にスピノーダル分解関連）

[1]　J. E. Hilliard：Phase Transformation, ed. by H. I. Aaronson, ASM, Metals Park, Ohio (1970), 497-560.

[2]　J. W. Cahn：The Selected Works of J. W. Cahn, ed. by W. C. Carter and W. C. Johnaon, TMS (1998), 29.

[3]　太田隆夫：界面ダイナミクスの数理, 日本評論社 (1997).

・弾性歪エネルギー関連

[1]　森　勉, 村外志夫：マイクロメカニクス, 培風館 (1976)

[2]　森　勉：日本金属学会会報, **17** (1978), 821, 920；**18** (1979), 37.

[3]　T. Mura：Micromechanics of Defects in Solids, 2nd Rev. Ed., Kluwer Academic (1991).

[4]　A. G. Khachaturyan：Theory of Structural Transformations in Solids, Dover Pub., USA (2008).

参　考　文　献　　　　　　165

[5]　加藤雅治：まてりあ，**47**（2008），256，317，375，418，469，513.

・拡散相分離および変位型変態に関するもの

[1]　斉藤良行：組織形成と拡散方程式，コロナ社（2000）.
[2]　斉藤良行 編：第180・181回西山記念技術講座「鉄鋼材料の組織と材質予測技術」，日本鉄鋼協会（2004），47.
[3]　小山敏幸：ふぇらむ，**11**（2006），647.
[4]　T. Miyazaki, A. Takeuchi, T. Koyama and T. Kozakai：Trans. JIM, **32**（1991），915.
[5]　J. W. Christian：The Theory of Transformations in Metals and Alloys, Pergamon Press（2002）.
[6]　西山善次：マルテンサイト変態 基本編，丸善（1971）.
[7]　西山善次：マルテンサイト変態 応用編，丸善（1974）.
[8]　K. Tanaka, T. Ichitsubo and M. Koiwa, Mater. Sci. & Eng., **A312**（2001），118.
[9]　高木節雄，津崎兼彰：材料組織学，朝倉書店（2000）.

・数値計算および Java および Python プログラミングに関する参考書

[1]　宮坂雅輝：エッセンシャル Java（2nd edition），ソフトバンククリエイティブ（2003）.
[2]　桑原恒夫：3日で解る Java-例題学習方式（第2版），共立出版（2000）.
[3]　中山　茂：Java2 グラフィックスプログラミング入門，技報堂出版（1999）.
[4]　山本芳人：Java による図形処理入門，工学図書（1998）.
[5]　赤間世紀：Java による画像処理プログラミング，工学社（2007）.
[6]　峯村吉泰：Java で学ぶシミュレーションの基礎，森北出版（2006）.
[7]　峯村吉泰：Java によるコンピュータグラフィックス-基礎からシミュレーションの可視化まで，森北出版（2003）.
[8]　峯村吉泰：Java による流体・熱流動の数値シミュレーション，森北出版（2001）.
[9]　矢部　孝，尾形陽一，滝沢研二：CIP 法と Java による CG シミュレーション，森北出版（2007）.
[10]　佐川雅彦，貴家仁志：高速フーリエ変換とその応用，昭晃堂（1993）.
[11]　中久喜健司：科学技術計算のための Python 入門，技術評論社（2016）.
[12]　小高知宏：Python による数値計算とシミュレーション，オーム社（2018）.
[13]　伊藤　真：Python で動かして学ぶ！　あたらしい機械学習の教科書，翔泳社

(2018).

・データサイエンスに関するもの

［1］　小山敏幸，塚田祐貴：ふぇらむ，**23**（2018），680-686.

［2］　樋口知之他：データ同化入門（予測と発見の科学），朝倉書店（2011）.

［3］　北川源四郎：時系列解析入門，岩波書店（2005）.

［4］　淡路敏之，池田元美，石川洋一，蒲地政文：データ同化―観測・実験とモデルを融合するイノベーション，京都大学学術出版会（2009）.

［5］　久保拓弥：データ解析のための統計モデリング入門，岩波書店（2012）.

［6］　C. M. ビショップ 著，元田浩ら 監訳：パターン認識と機械学習（上・下），丸善（2012）.

［7］　杉山　将：イラストで学ぶ機械学習，講談社（2014）.

［8］　岩崎悠真：マテリアルズ・インフォマティクス，日刊工業新聞社（2019）.

索　引

あ
アイゲン歪……………2,31,32,45
アインシュタインの関係式………62,120
アジョイント法（四次元変分法）
…………………………………113,138
Anaconda………………………155

い
易動度………………3,59,72,134

え
エシェルビーサイクル………33,34,115
エネルギー散逸…………………1
　　──関数……………………4
エンタルピー……………………10
エントロピー……………………9

お
オイラー方程式…………25,28,114
オストワルド成長………………75
オンサーガー係数………………62

か
カーケンドール効果……………60
カーン-ヒリアードの非線形拡散方程式
………………………………63,64
界面エネルギー密度……………24,25
界面の幅…………………………26
ガウス曲率………………………87
ガウスの発散定理………………5,7
化学的自由エネルギー………2,19,70,78
化学ポテンシャル………………9
核形成……………………………5,99
　　── -成長型相分離…………75
拡散係数…………………………62,72
　　自己──…………………62,72

あ
相互──…………………………61,71
拡散対……………………………60
拡散変位型変態…………………89
拡散方程式………………………59
拡散ポテンシャル………………70,71
確率………………………………144
　　──密度関数…………………144
仮想スクリーニング……………114
過飽和固溶体……………………77
CALPHAD 法………………………iii,106

き
記憶図……………………………10
規則-不規則変態…………………1,89
ギブスエネルギー………10,16,70
ギブス-デュエムの関係式…………61
逆位相境界………………………2,97
キュリー温度……………………78
均質化法…………………………109

く
クラスター変分法………………106
グランドポテンシャル……………12

け
形状記憶現象……………………100
形状記憶合金……………………89
原子間相互作用パラメーター………22

こ
合金状態図………………………105
高 Cr ステンレス合金……………80
格子ミスマッチ…………………36,45
構造相転移………………………89,100
拘束歪……………………………32,45
高速フーリエ変換…………56,100

167

勾配エネルギー……………………………2,19
固体内拡散………………………………59
コマンドプロンプト……………………150

さ

Thermo-Calc……………………………105
差分法……………………………………72

し

磁気変態…………………………………80
示強変数……………………………………9
自己拡散係数…………………………62,72
自己相関…………………………………101
Java………………………………………148
　　　——アプリケーション…………149
　　　——アプレット……………………149
主曲率……………………………………87
準正則溶体近似…………………………78
詳細つり合いの条件……………………62
状態方程式………………………………12
乗法定理…………………………………144
示量変数……………………………………9
振幅拡大係数……………………………85

す

スパース学習……………………………116
スピノーダル線………………………73,84
スピノーダル分解……………………19,85

せ

整合析出線………………………………66
整合析出物………………………………35
静水圧……………………………………16
正則溶体近似…………………………22,70
セラミックス……………………………82
ゼロポテンシャル………………………12
全自由エネルギー………………………1,2
全歪…………………………………32,46

そ

相互拡散係数…………………………61,71
相互作用パラメーター…………………66
双晶界面…………………………………97
双晶組織…………………………………97
相反関係…………………………………62

た

多成分系における拡散理論…………131
畳み込み計算……………………………54
多変数テイラー展開…………………20,28
多変量正規分布…………………………145
弾性異方性パラメーター………………43
弾性応力…………………………………32
弾性コンプライアンス…………………51
弾性定数………………………………32,36
　　　——の関数 $Y_{<hkl>}$…………35,41
　　　——マトリックス………………41
弾性歪……………………………………31
　　　——エネルギー…………2,31,44

ち

秩序変数……………………………………1
長範囲エネルギー………………………31
長範囲規則度………………………………1

て

テイラー展開の公式…………………20,28
データサイエンス………………………110
データ同化…………………………112,136
Fe-Cr……………………………………77
Fe-Cr-Co 磁性合金……………………81
デルタ関数………………………………54

と

ドメイン…………………………………92
トレーサー拡散係数……………………133

な

内部エネルギー…………………………10

内部変数理論·····················109
ナノヘテロ組織形成···············109

ね

熱力学·····························9
　　──データベース········92,106
　　──の第一法則··············11

の

濃度勾配エネルギー···············19
　　──の計算式················78
　　──係数················22,70

は

Python·····························155
バイノーダル線···················73
ハチャトリアンの弾性歪エネルギー···44
発展方程式····················1,3,96
バリアント························90
パワースペクトル·················101
汎関数·······················2,113
　　──微分················3,113
Pandat·····························105

ひ

ビッグデータ·····················112
微小歪理論·······················31
非線形拡散方程式·················63
非線形発展方程式·················3
非保存場·························96
非保存変数·······················3

ふ

フィックの第一法則···········61,119
フィルタ計算·····················113
フーリエ逆変換···················54
フーリエ変換·····················54
　　高速──··············56,100
　　複素──··················102
フェーズフィールド法···············1

副格子モデル····················106
複素フーリエ級数·················102
複素フーリエ積分·················102
複素フーリエ変換·················102
フックの法則·················31,32
プログラミング···················148
分極ドメイン組織·················100
分極ヒステリシス·················100

へ

平衡プロファイル形状··············24
ベイズ推定·······················111
ベイズの定理·····················145
平面歪問題·······················95
ベガード則·······················36
ペナルティー項···················91
ヘルムホルツエネルギー········10,16
変位型変態·······················89
変分····························113
　　──原理····················25

ほ

ポアソン比·······················95
ボーア磁子·······················78
保存変数·························3
ポリマーアロイ···················82

ま

マイクロマグネティクス········2,108
マイクロメカニクス········2,31,108
まだら構造·······················77
マックスウェルの関係式············11
マテリアルズ・インフォマティクス
　（MI）······················111
マルコフ連鎖モンテカルロ法·········136
マルチスケール···················110
マルテンサイト変態········33,89,100

み

ミラー指数·······················42

む

無次元化······························73,96

も

モル体積······························80,96

ゆ

優先波長······························74,86
誘電体·······························89,100

尤度

尤度·································144

ら

ラーメの定数··························42
ランジュバン方程式··················59,119

り

力学的平衡方程式··················31,33,46

材料学シリーズ　監修者

堂山昌男　　　　　　　**小川恵一**　　　　　　　**北田正弘**
東京大学名誉教授　　　元横浜市立大学学長　　東京芸術大学名誉教授
帝京科学大学名誉教授　Ph. D.　　　　　　　　工学博士
Ph. D., 工学博士

著者略歴　**小山　敏幸**（こやま　としゆき）
　　　　1963 年　愛知県に生まれる
　　　　1986 年　名古屋工業大学工学部金属工学科卒業
　　　　1988 年　名古屋工業大学大学院工学研究科博士前期課程修了
　　　　1990 年　名古屋工業大学大学院工学研究科博士後期課程中退，同大学助手
　　　　1996 年　博士（工学），（名古屋工業大学）
　　　　2002 年　（独）物質・材料研究機構主任研究員
　　　　2005 年　（独）物質・材料研究機構主幹研究員
　　　　2009 年　（独）物質・材料研究機構グループリーダー
　　　　2010 年　名古屋工業大学工学部准教授
　　　　2011 年　名古屋工業大学工学部教授
　　　　2015 年　名古屋大学工学部教授，現在に至る
　　　　　　　　　専門は合金熱力学，材料組織学および相変態論など

検印省略	2011 年 7 月 25 日　第 1 版発行 2019 年 12 月 31 日　増補新版発行

材料学シリーズ

材料設計計算工学 計算組織学編
フェーズフィールド法による組織形成解析
増補新版

著　者 ⓒ　小　山　敏　幸
発　行　者　　内　田　　　学
印　刷　者　　馬　場　信　幸

発行所　株式会社 内田老鶴圃　〒112-0012 東京都文京区大塚 3 丁目34番 3 号
　　　　　　　　　　　　　　　電話 (03) 3945-6781(代)・FAX (03) 3945-6782
http://www.rokakuho.co.jp/　　　　　　印刷・製本／三美印刷 K. K.

Published by UCHIDA ROKAKUHO PUBLISHING CO., LTD.
3-34-3 Otsuka, Bunkyo-ku, Tokyo, Japan

U. R. No. 653-1

ISBN 978-4-7536-5940-1 C3042

材料設計計算工学 計算熱力学編 増補新版
CALPHAD 法による熱力学計算および解析

阿部 太一 著　A5判・224頁・本体3500円　ISBN 978-4-7536-5939-5

熱力学モデルを基に様々なデータを解析し状態変数の関数としてギブスエネルギーを決定，コンピュータにより状態図を計算する手法「CALPHAD 法」の入門書．増補新版では純元素中の空孔について新たな知見を盛り込むとともに各データベース等の情報を更新．姉妹書「材料設計計算工学　計算組織学編」とともに計算による実用材料設計への道を示す．

第1章　熱力学基礎　CALPHAD 法／熱力学基礎／相平衡／まとめ

第2章　熱力学モデル　純物質のギブスエネルギー／ギブスエネルギーの圧力依存性／磁気過剰ギブスエネルギー／ガス相のギブスエネルギー／溶体相のギブスエネルギー／ラティススタビリティ／副格子モデル／化学量論化合物のギブスエネルギー／副格子への分け方／不定比化合物のギブスエネルギー／平衡副格子濃度／規則 - 不規則変態をする化合物のギブスエネルギー／短範囲規則度／液相中の短範囲規則度／純元素中の空孔／まとめ

第3章　計算状態図　ギブスエネルギーと状態図の関係／三元系状態図／状態図の相境界のルール／実際の計算状態図／アモルファス相の取り扱い／まとめ

第4章　熱力学アセスメント　実験データ／第一原理計算／熱力学アセスメントの手続き／熱力学アセスメント例 (Ir-Pt 二元系状態図)／熱力学アセスメントのキーポイント／まとめ

付録A1　レシプロカルパラメーターのR-K級数形／**付録A2**　溶体相のギブスエネルギーと対結合エネルギー／**付録A3**　規則相 (B2) と不規則相 (A2) 間のパラメーター関係式／**付録A4**　スプリットコンパウンドエナジーモデルにおける純物質 ($^{0}G_{A:A}^{B2}$, $^{0}G_{B:B}^{B2}$) の与え方／**付録A5**　ギブスエネルギーにおける短範囲規則化の影響／**付録A6**　準正則溶体における溶解度ギャップ／**付録A7**　直交座標系と三角図の関係／**付録A8**　元素 A と B の安定結晶構造が異なる場合の二元系状態図／**付録A9**　シュライネマーカース則に関する補足／**付録A10**　純物質のギブスエネルギーの記述

材料組織弾性学と組織形成
フェーズフィールド微視的弾性論の基礎と応用
小山 敏幸・塚田 祐貴 著　A5・136頁・本体3000円

3D 材料組織・特性解析の基礎と応用
シリアルセクショニング実験およびフェーズフィールド法からのアプローチ
日本学術振興会第176委員会
新家 光雄 編／足立 吉隆・小山 敏幸 著
A5・196頁・本体3800円

TDB ファイル作成で学ぶ
カルファド法による状態図計算
阿部 太一 著　A5・128頁・本体2500円

材料の組織形成　材料科学の進展
宮﨑 亨 著　A5・132頁・本体3000円

鉄鋼の組織制御　その原理と方法
牧 正志 著　A5・312頁・本体4400円

材料の速度論
拡散，化学反応速度，相変態の基礎
山本 道晴 著　A5・256頁・本体4800円

材料電子論入門
第一原理計算の材料科学への応用
田中 功・松永 克志・大場 史康・世古 敦人 共著
A5・200頁・本体2900円

固体電子構造論
密度汎関数理論から電子相関まで
藤原 毅夫 著　A5・248頁・本体4200円

結晶塑性論
多彩な塑性現象を転位論で読み解く
竹内 伸 著　A5・300頁・本体4800円

高温強度の材料科学　改訂版
クリープ理論と実用材料への適用
丸山 公一 編著／中島 英治 著
A5・352頁・本体7000円

稠密六方晶金属の変形双晶
マグネシウムを中心として
吉永 日出男 著　A5・164頁・本体3800円

表示価格は税別の本体価格です．　　　　　　http://www.rokakuho.co.jp/